Educational Producer For Your Success

알기쉽게 풀어쓴!

에듀피디 폐기물처리 실기 기사·산업기사

2판

| 전나훈 편저 |

한국소비자 만족 지수 **1위**

필수 암기 공식정리집 수록

Engineer
Wastes
Treatment

• 기출문제 및 관련 이론을 집중적으로 학습할 수 있도록 구성
• 과년도 기출문제를 통한 실력 향상
• 필수적으로 암기해야 하는 부분의 암기 방법을 두문자를 통해 제시

에듀피디 동영상강의 www.edupd.com

알기 쉽게 풀어쓴

폐기물처리(산업)기사 실기

1판1쇄 2023년 3월 17일
2판1쇄 2024년 5월 17일

편저자 전나훈
발행처 에듀피디
등 록 제300-2005-146
주 소 서울 종로구 대학로45 임호빌딩 2층 (연건동)

전 화 1600-6690
팩 스 02)747-3113

※ 이 책은 저작권법에 따라 보호받는 저작물이므로 무단전재와 무단복제를 금지하며 책 내용의 전부 또는 일부를 이용하려면 반드시 저작권자와 에듀피디의 서면 동의를 받아야 합니다.

제1편 폐기물 처리 실무

CHAPTER 01	폐기물 일반	010
CHAPTER 02	폐기물 처리	025
CHAPTER 03	소각, 열분해 등 열적처분	062
CHAPTER 04	매립(최종처분)	112

제2편 과년도 필답형 기출문제

[산업기사 기출문제]

CHAPTER 01	2022년도 제1회 산업기사 필답형	142
CHAPTER 02	2022년도 제2회 산업기사 필답형	148

[기사 기출문제]

CHAPTER 03	2020년도 제3회 기사 필답형	153
CHAPTER 04	2021년도 제4회 기사 필답형	155
CHAPTER 05	2022년도 제1회 기사 필답형	160
CHAPTER 06	2022년도 제2회 기사 필답형	165
CHAPTER 07	2022년도 제4회 기사 필답형	170
CHAPTER 08	2023년도 제1회 기사 필답형	176
CHAPTER 09	2023년도 제2회 기사 필답형	181
CHAPTER 10	2023년도 제4회 기사 필답형	186

제3편 과년도 필답형 기출해설

[산업기사 기출해설]

CHAPTER 01	2022년도 제1회 산업기사 필답형	192
CHAPTER 02	2022년도 제2회 산업기사 필답형	196

[기사 기출해설]

CHAPTER 03	2020년도 제3회 기사 필답형	200
CHAPTER 04	2021년도 제4회 기사 필답형	203
CHAPTER 05	2022년도 제1회 기사 필답형	207
CHAPTER 06	2022년도 제2회 기사 필답형	211
CHAPTER 07	2022년도 제4회 기사 필답형	216
CHAPTER 08	2023년도 제1회 기사 필답형	221
CHAPTER 09	2023년도 제2회 기사 필답형	226
CHAPTER 10	2023년도 제4회 기사 필답형	231

제4편 부록

CHAPTER 01	폐기물 처리 틈새시장	238
CHAPTER 02	폐기물 처리 공식정리	244

GUIDE 출제기준(실기)

직무분야	환경·에너지	중직무분야	환경	자격종목	폐기물처리산업기사	적용기간	2023.1.1 ~ 2025.12.31

● **직무내용**: 국민의 일상생활에 수반하여 발생하는 생활폐기물과 산업활동 결과 발생하는 사업장 폐기물을 기계적 선별, 여과, 건조, 파쇄, 압축, 흡수, 흡착, 이온교환, 소각, 소성, 생물학적 산화, 소화, 퇴비화 등의 인위적, 물리적, 기계적 단위조작과 생물학적, 화학적 반응공정을 주어 감량화, 무해화, 안전화 등 폐기물을 취급하기 쉽고 위험성이 적은 성상과 형태로 변화시키는 일련의 처리업무를 수행하는 직무이다.

● **수행준거**: 폐기물에 대한 전문적 지식을 토대로 하여
　　1. 폐기물의 조성을 측정 및 분석할 수 있다.
　　2. 폐기물에 대한 유해성을 평가 및 예측할 수 있다.
　　3. 폐기물 처리대책을 수립할 수 있다.

실기검정방법	필답형	시험시간	2시간 30분

실기과목명	주요항목	세부항목	세세항목
폐기물처리 실무	❶ 폐기물 일반	❶ 폐기물 분리배출 및 저장하기	1. 수거폐기물의 종류, 수거빈도 및 공간 크기와 편의성을 토대로 보관 용기의 종류와 용량을 결정할 수 있다. 2. 폐기물의 재활용계획을 바탕으로 폐기물 분리수거 계획을 수립할 수 있다. 3. 발생원에서의 폐기물 분리는 재이용과 재활용을 위한 물질선별을 최적화하여 폐기물을 효과적으로 관리할 수 있다.
		❷ 폐기물 수집 및 운반하기	1. 대규모 인구밀집지역과 아파트 지역을 대상으로 폐기물 관로수송계획을 수립할 수 있다. 2. 폐기물 정책이나 규정을 바탕으로 수거지점과 수거빈도를 포함한 차량 수거노선계획을 수립할 수 있다.
		❸ 적환장 관리하기	1. 폐기물 발생량, 수거대상 인구, 지형, 수송수단 등의 자료를 활용하여 적환장의 위치와 규모를 파악할 수 있다. 2. 적환장으로 이송된 폐기물은 종류별로 별도 분리 저장하고 혼합된 폐기물은 선별장치로 선별 분리할 수 있다.
		❹ 폐기물 수송하기	1. 작업성의 향상과 감용·압축 성능에 따라 적재효율이 향상되도록 폐기물을 수집·수송할 수 있다.
		❺ 폐기물 특성 및 발생량 저감하기	1. 발생원별 폐기물 특성을 파악할 수 있다. 2. 폐기물 발생원을 파악하고 분류할 수 있다. 3. 폐기물 발생량을 조사할 수 있다. 4. 폐기물 발생량에 영향을 미치는 인자를 파악할 수 있다.

실기과목명	주요항목	세부항목	세세항목
			5. 폐기물 발생량을 예측할 수 있다. 6. 폐기물 발생량 저감대책을 수립할 수 있다. 7. 국내외 평가기준, 폐기물 공정 시험기준 등에 따라 성상 및 특성을 분석할 수 있다.
	❷ 폐기물처리	❶ 기계적, 화학적 처리법 이해하기	1. 처리 방법의 종류 및 특징을 파악할 수 있다. 2. 처리 공정 및 시공과정을 이해할 수 있다.
		❷ 생물학적 처리법 이해하기	1. 처리 방법의 종류 및 특징을 파악할 수 있다. 2. 처리 공정 및 시공과정을 이해할 수 있다.
		❸ 자원화 및 재활용 이해하기	1. 자원화 방법을 이해할 수 있다. 2. 재활용 방법을 이해할 수 있다.
	❸ 소각	❶ 연소이론 파악 및 연소계산 이해하기	1. 연소 이론을 이해할 수 있다. 2. 연소 계산을 수행할 수 있다.
		❷ 열분해 이해하기	1. 열분해 이론을 이해할 수 있다. 2. 열분해 종류 및 특징을 이해할 수 있다.
		❸ 소각공정 파악하기	1. 소각 이론을 이해할 수 있다. 2. 소각로 종류 및 특징을 이해할 수 있다.
		❹ 소각로 해석, 운전, 유지관리 하기	1. 소각로에 대한 기본설계 및 시공 과정을 이해할 수 있다. 2. 소각로 유지관리업무를 이해할 수 있다. 3. 집진장치의 종류 및 특징을 파악할 수 있다. 4. 기타 열회수, 연소생성물 저감 및 처분방법을 이해할 수 있다.
	❹ 매립	❶ 매립방법 파악하기	1. 매립방법을 분류할 수 있다. 2. 매립공법의 종류 및 특징을 이해할 수 있다.
		❷ 매립지 설계 및 시공하기	1. 매립지의 기본설계과정을 이해할 수 있다. 2. 매립지 시공업무를 이해할 수 있다.
		❸ 매립지 관리하기	1. 매립가스를 적절하게 관리할 수 있다. 2. 침출수를 적절하게 관리할 수 있다. 3. 사후관리를 수행할 수 있다.

GUIDE 출제기준(실기)

직무 분야	환경 · 에너지	중직무 분야	환경	자격 종목	폐기물처리기사	적용 기간	2023.1.1 ~ 2025.12.31

▶ 직무내용: 국민의 일상생활에 수반하여 발생하는 생활폐기물과 산업활동 결과 발생하는 사업장 폐기물을 기계적 선별, 여과, 건조, 파쇄, 압축, 흡수, 흡착, 이온교환, 소각, 소성, 생물학적 산화, 소화, 퇴비화 등의 인위적, 물리적, 기계적 단위조작과 생물학적, 화학적 반응공정을 주어 감량화, 무해화, 안전화 등 폐기물을 취급하기 쉽고 위험성이 적은 성상과 형태로 변화시키는 일련의 처리업무를 수행하는 직무이다.

▶ 수행준거: 폐기물에 대한 전문적 지식을 토대로 하여
    1. 폐기물의 조성을 측정 및 분석할 수 있다.
    2. 폐기물에 대한 유해성을 평가 및 예측할 수 있다.
    3. 폐기물 처리대책을 수립할 수 있다.

실기검정방법	필답형	시험시간	3시간

실기과목명	주요항목	세부항목	세세항목
폐기물처리 실무	❶ 폐기물 일반	❶ 폐기물 분리배출 및 저장하기	1. 수거폐기물의 종류, 수거빈도 및 공간 크기와 편의성을 토대로 보관 용기의 종류와 용량을 결정할 수 있다. 2. 폐기물의 재활용계획을 바탕으로 폐기물 분리수거 계획을 수립할 수 있다. 3. 발생원에서의 폐기물 분리는 재이용과 재활용을 위한 물질선별을 최적화하여 폐기물을 효과적으로 관리할 수 있다.
		❷ 폐기물 수집 및 운반하기	1. 대규모 인구밀집지역과 아파트 지역을 대상으로 폐기물 관로수송계획을 수립할 수 있다. 2. 폐기물 정책이나 규정을 바탕으로 수거지점과 수거빈도를 포함한 차량 수거노선계획을 수립할 수 있다.
		❸ 적환장 관리하기	1. 폐기물 발생량, 수거대상 인구, 지형, 수송수단 등의 자료를 활용하여 적환장의 위치와 규모를 파악할 수 있다. 2. 적환장으로 이송된 폐기물은 종류별로 별도 분리 저장하고 혼합된 폐기물은 선별장치로 선별 분리할 수 있다.
		❹ 폐기물 수송하기	1. 작업성의 향상과 감용 · 압축 성능에 따라 적재효율이 향상되도록 폐기물을 수집 · 수송할 수 있다.
		❺ 폐기물 특성 및 발생량 저감하기	1. 발생원별 폐기물 특성을 파악할 수 있다. 2. 폐기물 발생원을 파악하고 분류할 수 있다. 3. 폐기물 발생량을 조사할 수 있다.

실기과목명	주요항목	세부항목	세세항목
			4. 폐기물 발생량에 영향을 미치는 인자를 파악할 수 있다. 5. 폐기물 발생량을 예측할 수 있다. 6. 폐기물 발생량 저감대책을 수립할 수 있다. 7. 국내외 평가기준, 폐기물 공정 시험기준 등에 따라 성상 및 특성을 분석할 수 있다.
	❷ 폐기물처리	❶ 기계적, 화학적 처리법 이해하기	1. 처리 방법의 종류 및 특징을 파악할 수 있다. 2. 처리공정 및 시공과정을 이해할 수 있다.
		❷ 생물학적 처리법 이해하기	1. 처리방법의 종류 및 특징을 파악할 수 있다. 2. 처리공정 및 시공과정을 이해할 수 있다.
		❸ 자원화 및 재활용 이해하기	1. 자원화 방법을 이해할 수 있다. 2. 재활용 방법을 이해할 수 있다.
	❸ 소각	❶ 연소이론 파악 및 연소계산 이해하기	1. 연소 이론을 이해할 수 있다. 2. 연소 계산을 수행할 수 있다.
		❷ 소각공정 파악하기	1. 소각 이론을 이해할 수 있다. 2. 소각로 종류 및 특징을 이해할 수 있다.
		❸ 소각로설계, 해석 및 유지관리하기	1. 소각로의 설계 및 시공과정을 이해할 수 있다. 2. 소각로 유지관리업무를 이해할 수 있다.
		❹ 열회수, 연소가스처분 및 오염방지하기	1. 열회수 이론을 이해할 수 있다. 2. 연소가스 처분과정을 이해할 수 있다. 3. 연소가스 후처분 기술의 종류 및 특징을 파악할 수 있다. 4. 연소생성물 저감 및 처분방법을 이해할 수 있다.
		❺ 열분해 이해하기	1. 열분해 이론을 이해할 수 있다. 2. 열분해 종류 및 특징을 이해할 수 있다.
		❻ 기타 열적 처분	1. 용융 등 기타 열적처분 이론을 이해할 수 있다. 2. 용융 등 기타 열적처분 종류 및 특징을 이해할 수 있다.
	❹ 매립	❶ 매립방법 파악하기	1. 매립방법을 분류할 수 있다. 2. 매립공법의 종류 및 특징을 이해할 수 있다.
		❷ 매립지 설계 및 시공하기	1. 매립지 설계과정을 이해할 수 있다. 2. 매립지 시공업무를 이해할 수 있다.

GUIDE 출제기준(실기)

실기과목명	주요항목	세부항목	세세항목
		❸ 매립지 관리하기	1. 매립가스 관리과정을 이해할 수 있다. 2. 침출수 관리과정을 이해할 수 있다.
		❹ 매립가스 이용기술	1. 매립가스의 포집 및 정제 기술을 이해할 수 있다. 2. 매립가스 이용기술의 종류 및 특징을 이해할 수 있다.
		❺ 매립지 환경영향 평가하기	1. 매립지 안정화 과정을 이해할 수 있다. 2. 사후관리를 수행할 수 있다.

PART 1

제 1 편
폐기물처리실무

01 폐기물 일반

02 폐기물 처리

03 소각, 열분해 등 열적처분

04 매립(최종처분)

01 CHAPTER 폐기물 일반

UNIT 01 폐기물의 분류

1 성상에 따른 분류

(1) 고형물 함량에 따른 분류

① **액상폐기물** : 고형물의 함량이 5% 미만인 것
② **반고상폐기물** : 고형물의 함량이 5% 이상 15% 미만인 것
③ **고상폐기물** : 고형물의 함량이 15% 이상인 것

(2) 성분에 따른 일반쓰레기의 분류

① **Refuse** : 유해폐기물(지정폐기물)을 제외한 고상과 반고상폐기물을 칭한다.(재활용 가능한 폐기물과 불가능한 폐기물을 모두 칭함)
② **Garbage** : 무기물과 유기물 특성의 쓰레기(주로, 음식물쓰레기를 칭한다.)
③ **Rubbish** : 음식물쓰레기를 제외한 재활용이 가능한 쓰레기(캔, 종이, 병 등)
④ **trash** : 필요하지 않아서 버린 폐기물(재활용 가능한 폐기물과 불가능한 폐기물을 모두 칭함)

2 지정폐기물

주변 환경을 오염시킬 수 있거나 인체에 위해를 줄 수 있는 물질로서 대통령령이 정하는 폐기물
① 폐합성 고분자화합물
② 오니류(수분함량이 95퍼센트 미만이거나 고형물함량이 5퍼센트 이상인 것으로 한정한다)
③ 부식성 폐기물(폐산 : pH 2 이하, 폐알칼리 : pH 12.5 이상)
④ 유해물질함유 폐기물(광재, 분진, 폐주물사, 폐내화물, 소각재, 안정화 또는 고화처리물, 폐촉매 등)
⑤ 폐유기용제 ← 지정폐기물 중 연중 발생량이 가장 많음
⑥ 폐페인트 및 폐래커
⑦ 폐유(기름성분을 5퍼센트 이상 함유한 것을 포함하며, 폴리클로리네이티드비페닐(PCBs)함유 폐기물, 폐식용유와 그 잔재물, 폐흡착제 및 폐흡수제는 제외한다)

⑧ 폐석면
⑨ PCB 함유 폐기물
⑩ 폐유독물질
⑪ 의료폐기물
  ㉠ 지정폐기물의 유해성 분류기준 : 부식성, 인화성 및 폭발성, 반응성, EP독성, 유해 가능성, 난분해성, 용출특성
  ㉡ 의료폐기물

격리의료폐기물	감염병으로부터 타인을 보호하기 위하여 격리된 사람에 대한 의료행위에서 발생한 일체의 폐기물
위해의료폐기물	조직물류폐기물, 병리계폐기물, 손상성폐기물, 생물·화학폐기물, 혈액오염폐기물
일반의료폐기물	혈액·체액·분비물·배설물이 함유되어 있는 탈지면, 붕대, 거즈, 일회용 기저귀, 생리대, 일회용 주사기, 수액세트

UNIT 02 폐기물 발생량

1 발생량 예측 방법 [암기TIP] 예측하면 겉돈다 - 경 동 다

① **경향법(Trend법)** : 시간에 따른 폐기물의 발생량 예측(시간 고려)
② **동적모사법** : 시간에 따른 폐기물의 발생과 자연적 특성, 사회적 특성, 경제적 특성 등 영향인자를 시간에 대한 함수로 표시하여 발생량 예측(시간, 영향인자 고려)
③ **다중회귀법** : 자연적 특성, 사회적 특성, 경제적 특성 등 영향인자를 고려하여 발생량 예측(영향인자 고려)

2 발생량 조사 방법 [암기TIP] (돈 가지고 도망간) 계주 잡아라!

① **직접계근법(계주 잡자)** : 쓰레기 수거차량을 계근(무게를 측정)하여 파악하는 방법이다. 적재차량계수 분석에 비하여 작업량이 많고 번거롭다.
② **적재차량계수 분석(계주의 차량 조사)** : 쓰레기 수거차량의 수를 조사하여 나온 결과를 밀도를 이용하여 질량으로 환산하는 방법이다. 밀도나 압축정도가 정확하게 파악되지 않을수록 오차가 커진다.
③ **물질수지법(수지로 조사)** : 유입폐기물과 소모폐기물, 유출폐기물의 물질수지를 세움으로써 발생량을 추정하는 방법이다. 상세한 데이터가 있는 경우에만 사용가능하며 비용이 많이 든다. 주로 산업폐기물의 조사에 활용된다.

  식 유입폐기물 - (소모폐기물 + 유출폐기물) = 0

④ **전수조사(전부 조사)** : 폐기물의 발생과 이동, 유출의 전과정에서 발생하는 폐기물을 조사하는 방법으로 시간이 가장 많이 소요되나 오차가 적어 가장 정확하다. 분석자료가 정확하여 정책 입안 시 자료로서 활용되기 좋다.

3 폐기물 발생량 영향 인자

① 일반적으로 도시의 규모가 커질수록 쓰레기 발생량이 증가한다.
② 일반적으로 수집빈도가 높을수록 발생량이 증가한다.
③ 일반적으로 쓰레기통이 클수록 발생량이 증가한다.
④ 생활수준이 높아지면 발생량이 증가하며 다양화된다.
⑤ 쓰레기통을 자주 비울수록 발생량은 증가한다. (쓰레기통의 크기와도 비례)
⑥ 발생량은 계절에 따른 차이가 있다.
⑦ 재활용품 회수 및 재이용률이 높을수록 쓰레기 발생량이 감소한다.

UNIT 03 폐기물 수거하기

1 수거체계와 수거장비

① 폐기물차의 수거노선 설정 (▶ 유튜브 "초록별엔진" 참고)
  ㉠ 언덕에서부터 내려오면서 수거한다.
  ㉡ 작은 쓰레기는 지나가며 수거한다.
  ㉢ 가장 많은 발생량이 있는 지점부터 먼저 수거한다.
  ㉣ 유턴은 피한다.
  ㉤ 시계방향으로 노선을 설정한다.
  ㉥ 출·퇴근시간은 피한다.
  ㉦ 한번 간 길은 되도록 다시 가지 않는다.

② 컨테이너
  ㉠ 견인식 컨테이너(HCS)
    • 폐기물이 대량으로 발생되는 지역에 적합, 작업시간 단축, 위생성 강화, 유연한 적응성
    • 1대의 수거차량과 운전수 1인 수거
  ㉡ 고정식 컨테이너(SCS)
    • 모든 종류의 폐기물 수거에 사용, 발생지점수, 발생량, 종류에 따라 다른 형식 채택
    • 기계식 적재수거차량과 인력식 적재수거차량으로 구분
    • 컨테이너의 크기가 다양
    • 적재가 용이함
    • 대형 폐기물 발생지역, 건축폐기물의 수거에 부적합
    • 운전수 외 폐기물 적재를 위한 1인 이상의 수거인부 필요

2 신 수송방식

① **모노레일 수송** : 모노레일에 쓰레기를 적재하여 수송하는 방법
- 자동무인화 할 수 있다.
- 가설이 어렵고 설비비가 비싸다.
- 시설 완료 후 경로변경이 어렵고 반송 노선이 필요하다.

② **컨테이너 수송(철도 수송)** : 철도를 이용하여 기차에 쓰레기를 적재하여 수송하는 방법
- 광대한 국토와 철도망이 있는 곳에서 사용할 수 있다.
- 사용 후 세정으로 세정수 처리문제가 발생한다.
- 철도역의 철저한 위생관리가 요구된다.

③ **컨베이어 수송** : 지하에 컨베이어를 설치하여 쓰레기를 수송하는 방법
- 악취문제가 없고 경관을 해치지 않는다.
- 전력비, 시설비, 내구성, 미생물 부착 등이 문제가 된다.
- 시설비와 유지비가 높다.

④ **파이프 라인(관거) 수송** : 관거를 이용하여 쓰레기를 수송하는 방법

장점	단점
• 악취, 소음진동의 문제가 적고 자동화, 안전화가 가능하다. • 경관을 해치지 않는다. • 에너지 절약이 가능하다. • 투입과 수집이 용이하여 인건비 절감의 효과가 있다. • 대량의 폐기물 발생지역(고밀도 발생지역)에 적용하기 용이하다.	• 대형 폐기물에 대한 전처리 공정(파쇄, 압축)이 필요하다. • 가설 후에 경로변경이 곤란하고 설치비가 비싸다. • 잘못 투입된 폐기물은 회수하기가 곤란하다. • 비교적 짧은 거리에서만 이용된다. (발생원 – 적환장, 적환장 – 소각장) • 초기투자 비용이 많이 소요된다.

[파이프 라인 수송의 종류]

㉠ **슬러리(Slurry, 현탁물) 수송** : 쓰레기를 전처리(파쇄 또는 분해)하여 물과 섞어 펌프를 사용하여 관거로 흘려 보내는 방식
- 관마모가 적고 동력도 적게 소모된다.
- 혼입되는 고형물의 양에 한도(약 8%)가 있다.

㉡ **공기 수송** : 관거에서 진공 또는 가압을 통해 폐기물을 이송하는 방법
- 수송거리가 최대 5km로 비교적 짧다. (가압수송 약 5km, 진공수송 약 2.5km)
- 유동성이 나쁜 쓰레기(막힘 또는 부착의 우려가 있는 쓰레기)의 경우 이송이 어렵다.
- 소음에 대한 방지시설이 필요하다. 방지시설 설치 후에는 소음에 대한 문제는 거의 없다.

㉢ **캡슐 수송** : 쓰레기를 충전한 캡슐을 공기나 물을 이용하여 수송하는 방식과 캡슐에 구동장치를 설치한 수송 방식이 있다.
- 공기수송에 비해 동력이 적게 소요된다.
- 쓰레기를 캡슐에 넣고 꺼내는 것이 힘들다.

3 MHT(man · hr/ton)

폐기물 1톤을 인부 1명이 수거 시 걸리는 소요시간

$$\text{MHT} = \frac{\text{수거인부} \times \text{수거시간}}{\text{폐기물 수거량}}, \text{MHT는 작을수록 효율이 좋음}$$

수거형태	수거효율
타종수거	0.84MHT
대형쓰레기통	1.1MHT
플라스틱 자루	1.35MHT
집밖 이동식	1.47MHT
집안 이동식	1.86MHT
집밖 고정식	1.96MHT
문전 수거	2.3MHT
벽면 부착식	2.38MHT

※ 고정식보다 이동식이 수거효율이 더 좋다. (MHT가 더 낮음)

UNIT 04 적환장 관리하기

1 적환장

폐기물처리장과 발생원 중간지점에 폐기물을 수집하여 수거효율을 증대시키는 중계처리장

① **적환장 설치의 필요성**
  ㉠ 처분장소가 멀 때
  ㉡ 수거차량의 적재용량이 작을 때($15m^3$ 이하)
  ㉢ 저밀도 주거지역일 때
  ㉣ 파이프 라인 수송방식을 채택할 때
  ㉤ 상업지역에서 폐기물 수집에 소형용기를 많이 사용할 때
  ㉥ 불법투기와 다량의 어질러진 쓰레기들이 발생할 때

② **적환장의 종류**
  ㉠ 직접투하방식 : 큰 수거차량에 작은 수거차량이 폐기물을 투하하는 방식으로 건설비나 운영비가 저렴하나 폐기물을 압축할 수 없고 교통체증의 문제가 있다.
  ㉡ 저장투하방식 : 저장피트에 폐기물을 투하 - 압축 큰 수거차량으로 수거되는 방식으로 대용량의 쓰레기처리에 적합하며, 교통체증의 문제가 없다.
  ㉢ 직접 · 저장투하방식 : 직접과 저장투하방식의 절충방식(부패성 쓰레기는 직접투입, 재활용품은 별도 투하)

③ 적환장의 설치위치
  ㉠ 수거대상 지역의 무게중심에 가까운 곳
  ㉡ 주요 간선도로에 근접된 곳
  ㉢ 주변에 대한 환경성이 높고, 건설 및 작업 조작이 용이한 곳
  ㉣ 주거지역과 먼 곳
④ 적환장의 용량 : 2일간의 발생량을 초과하지 않도록 한다.

UNIT 05 폐기물의 관리체계

1 폐기물 관리 정책

① 폐기물 처리과정

> 감량 및 감용 – 재이용 – 재활용 – 에너지 회수 – 소각 – 매립

  ※ 3R : 감량화(Reduction), 재이용(Reuse)/재활용(Recycle), 회수 이용(Recovery)
  ※ 4E : 경제(Economy), 에너지(Energy), 환경(Environment), 인간평등(Equality)

② **전과정 평가(LCA, Life Cycle Assessment)** : 폐기물의 원료, 생산, 유통, 사용, 폐기까지 전과정을 관찰함으로써 폐기물의 과정별 생성을 관찰하고 평가하여 효율적인 폐기물관리를 도모하는 방법이다.
  ㉠ 목적 및 범위 설정(Goal Definition Scoping) (1단계)
  ㉡ 목록분석(Inventory Analysis) (2단계)
  ㉢ 영향평가(Impact Analysis or Assessment) (3단계)
  ㉣ 개선 평가 및 해석(Improvement Assessment) (4단계)

③ **오염자 부담원칙(PPP(3P), Polluter Pays Principles)** : 오염을 유발한 자가 오염방지비용뿐만 아니라 그 피해에 대한 복구비용까지도 책임을 지도록 하는 경제유인책
  ㉠ 부담금 제도 : 유해성이 있거나 재활용이 어려운 제품을 제조, 수입하는 자에게 당해 폐기물처리 소요비용을 제품가격에 포함시키는 것
  ㉡ 예치금 제도 : 제품용기 중 사용 후 폐기물이 되는 경우 그 회수처리에 소요되는 비용을 당해 제품용기의 제조업자 또는 수입업자로 하여금 폐기물 관리기금에 예치하게 하여 제조업자 또는 수입업자가 제품용기를 회수처리하면 민법에서 정한 이자를 포함하여 반환하고 그렇지 못한 경우는 위탁처리하는 제도
  ㉢ 종량제 : 배출되는 폐기물을 일정한 용기에 담아 수집, 운반 처리하는 체계로 쓰레기 배출량에 따라 부과금을 부과시켜 쓰레기 발생을 억제시키는 제도

④ **환경경영체제(EMS, Environmental Management System)** : 환경관리를 기업경영의 방침으로 삼고 기업활동이 환경에 미치는 부정적인 영향을 최소화하는 것을 말한다. ISO 14000 시리즈(환경규격에 대한 국제 표준) 중에 ISO 14001과 14004가 규정하고 있는 분야이다. 기업의 이윤추구와 지구환경의 개선을 동시에 추구하는 것을 목표로 한다.

2 청소상태의 평가법

① **지역사회 효과지수(CEI, Community Effect Index)** : 가로의 청결상태를 기준으로 청소상태를 평가
  ㉠ 가로의 청결상태 Scale은 1~4로 정하여 각각 100, 75, 50, 25, 0점으로 한다.
  ㉡ 문제점이 관찰되는 경우에는 10점씩 감한다.
② **사용자 만족도 지수(USI, User Satisfaction Index)** : 서비스를 받는 사람들의 만족도를 설문조사하여 계산하는 방법으로 설문 문항은 6개로 구성되어 있으며 총점은 100점이다.

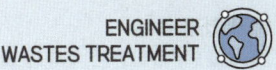

기출문제로 다지기 — CHAPTER 01 폐기물 일반

01. 액상, 반고상, 고상폐기물에 대하여 설명하시오.

해설 ① 액상 폐기물 : 고형물 함량이 5% 미만인 것
② 반고상 폐기물 : 고형물 함량이 5% 이상 15% 미만인 것
③ 고상 폐기물 : 고형물 함량이 15% 이상인 것

02. 의료폐기물 중 위해 의료폐기물의 종류 4가지를 쓰시오.

해설 ① 조직물류폐기물 ② 병리계폐기물
③ 손상성폐기물 ④ 생물·화학폐기물
⑤ 혈액오염폐기물

03. 지정폐기물의 각 항목별 정의에 대해 괄호에 알맞은 수치를 쓰시오.

(1) 폐산 : pH (　) 이하
(2) 폐알칼리 : pH (　) 이상
(3) 폐유 : 기름성분을 (　) 퍼센트 이상 함유한 것을 포함한다.

해설 (1) 폐산 : pH (2) 이하
(2) 폐알칼리 : pH (12.5) 이상
(3) 폐유 : 기름성분을 (5) 퍼센트 이상 함유한 것을 포함한다.

04. 폐기물의 발생량 예측방법 중 다중회귀모델과 동적모사모델에 대해 간단히 쓰시오.

(1) 다중회귀모델 :

(2) 동적모사모델 :

해설 (1) 다중회귀모델 : 자연적 특성, 사회적 특성, 경제적 특성 등 영향인자를 고려하여 발생량 예측(영향인자만 고려)
(2) 동적모사모델 : 시간에 따른 폐기물의 발생과 자연적 특성, 사회적 특성, 경제적 특성 등 영향인자를 시간에 대한 함수로 표시하여 발생량 예측(시간, 영향인자 모두 고려)

05. 쓰레기 발생량 예측방법 3가지를 기술하시오.

해설 (1) 경향예측모델 : 시간에 따른 폐기물의 발생량 예측(시간 고려)
(2) 다중회귀모델 : 자연적 특성, 사회적 특성, 경제적 특성 등 영향인자를 고려하여 발생량 예측(영향인자 고려)
(3) 동적모사모델 : 시간에 따른 폐기물의 발생과 자연적 특성, 사회적 특성, 경제적 특성 등 영향인자를 시간에 대한 함수로 표시하여 발생량 예측(시간, 영향인자 고려)

06. 쓰레기 발생량 조사방법 3가지를 쓰시오.

해설 ① 직접계근법
② 적재차량계수분석법
③ 물질수지법
④ 전수조사법

07. 다음 용어의 의미를 간단히 쓰시오.

(1) Refuse

(2) Garbage

(3) Rubbish

해설 (1) Refuse : 유해폐기물(지정폐기물)을 제외한 고상과 반고상폐기물을 칭한다. (재활용 가능한 폐기물과 불가능한 폐기물을 모두 칭함)
(2) Garbage : 무기물과 유기물 특성의 쓰레기(주로, 음식물쓰레기를 칭한다.)
(3) Rubbish : 음식물쓰레기를 제외한 재활용이 가능한 쓰레기(캔, 종이, 병 등)

08. 어느 도시의 일일 쓰레기 발생량이 350ton/day, 수거차량의 적재용량은 8m³, 1일 운행시간은 8hr, 왕복운반시간은 90분, 운반거리는 5km, 수거차량의 쓰레기 적재율은 95%, 적재 쓰레기의 밀도는 450kg/m³이었다.

(1) 수거차량 1대당 운반 쓰레기의 양(ton/day)을 계산하시오.

(2) 쓰레기 운반에 필요한 수거차량수를 계산하시오.

해설 (1) 수거차량 1대당 운반 쓰레기의 양(ton/day)을 계산하시오.

식 운반쓰레기양(ton/day×1대) = 운반횟수 × 적재용량 × 쓰레기 밀도

- 운반횟수 = $\dfrac{\text{운행시간}}{\text{운반시간}} = \dfrac{8hr/day}{90\min \times \dfrac{1hr}{60\min}} = 5.3333$회$/day$

∴ 운반쓰레기양(ton/day×1대) = $\dfrac{5.3333\text{회}}{day} \times \dfrac{8m^3}{1\text{대}} \times \dfrac{95}{100} \times \dfrac{0.45\text{톤}}{m^3} = 18.24$톤$/day\cdot$대

정답 18.24ton/day · 대

(2) 쓰레기 운반에 필요한 수거차량수를 계산하시오.

식 수거차량수 = $\dfrac{\text{일일쓰레기 발생량}}{\text{1대당 운반쓰레기 양}}$

∴ 수거차량수 = $\dfrac{350\text{ton}}{day} \times \dfrac{day\cdot\text{대}}{18.24\text{ton}} = 19.1885 ≒ 20$대

정답 20대

09. 폐기물 발생량이 5,000m³/day인 도시에서 8ton 덤프트럭으로 쓰레기를 매립장으로 운반하고자 한다. 폐기물 밀도는 280kg/m³, 덤프트럭 작업시간 6hr/day, 운반거리 25km, 왕복시간 45분, 투기시간 8분, 적재시간 20분, 대기차량 3대인 조건에서 하루에 몇 대의 차량이 필요한가?

해설 식 수거차량수 = $\dfrac{\text{일일쓰레기 발생량}}{\text{1대당 운반쓰레기 양}} + \text{대기차량}$

- 1대당 운반쓰레기양(ton/day×1대) = $\dfrac{\text{운반횟수} \times \text{적재용량}}{\text{쓰레기밀도}}$

  - 운반횟수
  = $\dfrac{\text{운행시간}}{\text{운반시간}} = \dfrac{6hr}{day} \times \dfrac{1}{(45\min + 8\min + 20\min)} \times \dfrac{60\min}{1hr}$
  = 4.9315회$/day$

- 1대당 운반쓰레기 양

$$= \frac{4.9315회}{day} \times \frac{8톤}{1대} = 39.452톤/day = 39.4520 ton/day$$

- 일일쓰레기 발생량

$$= \frac{5,000m^3}{day} \times \frac{280kg}{m^3} \times \frac{톤}{1,000kg} = 1,400 ton/day$$

$$\therefore 수거차량수 = \frac{1400}{39.4520} + 3 = 38.4861 ≒ 39대$$

10. 폐기물 발생량이 4,300m³/day인 도시에서 11ton 덤프트럭으로 쓰레기를 매립장으로 운반하고자 한다. 폐기물 밀도는 280kg/m³, 덤프트럭 작업시간 8hr/day, 운반거리 25km, 왕복시간 45분, 투기시간 8분, 적재시간 20분, 대기차량 2대인 조건에서 하루에 몇 대의 차량이 필요한가?

해설 **식** 수거차량수 $= \frac{일일쓰레기 발생량}{1대당 운반쓰레기 양} + 대기차량$

- 1대당 운반쓰레기양(ton/day)

$$= \frac{8hr}{1day} \times \frac{1}{(45+8+20)min} \times \frac{60min}{1hr} \times \frac{11톤}{1대} = 72.3287 ton/day$$

- 일일쓰레기 발생량

$$= \frac{4,300m^3}{day} \times \frac{280kg}{m^3} \times \frac{톤}{1,000kg} = 1,204 ton/day$$

$$\therefore 수거차량수 = \frac{1,204}{72.3287} + 2 = 18.6462 ≒ 19대$$

정답 19대

11. 인구 400만명인 도시의 폐기물 발생량은 1.25kg/인·일이고, 수거인부 2,000명이 1일 8시간 작업 시 MHT는?

해설 **식** $MHT = \frac{수거인부수 \times 작업시간}{폐기물 총수거량}$

- 폐기물 수거량

$$= \frac{1.25kg}{인 \cdot 일} \times 4,000,000인 \times \frac{톤}{1,000kg} = 5,000톤/일$$

$$\therefore MHT = \frac{2,000 \times 8}{5,000} = 3.2 man \cdot hr/톤$$

정답 3.2MHT

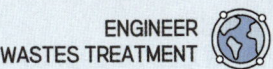

12. 인구 30만명인 도시의 폐기물 발생량은 2.5kg/인·일이고, 수거인부 800명이 1일 10시간 작업 시 MHT는?

해설 식) $MHT = \dfrac{수거인부수 \times 작업시간}{폐기물 총 수거량}$

• 폐기물 수거량
$= \dfrac{2.5\text{kg}}{\text{인} \cdot \text{일}} \times 300{,}000\text{인} \times \dfrac{톤}{1{,}000\text{kg}} = 750\text{톤/일}$

∴ $MHT = \dfrac{800 \times 10}{750} = 10.67\,\text{man}\cdot\text{hr/톤}$

정답) 10.67MHT

13. 아래의 수거형태를 수거효율이 좋은 순서대로 나열하시오.

㉠ 집안 고정식   ㉡ 집밖 고정식   ㉢ 벽면 부착식   ㉣ 집안 이동식   ㉤ 집밖 이동식

해설) ㉤ 집밖 이동식 – ㉣ 집안 이동식 – ㉡ 집밖 고정식 – ㉠ 집안 고정식 – ㉢ 벽면 부착식

수거형태	수거효율
타종수거	0.84MHT
대형쓰레기통	1.1MHT
플라스틱 자루	1.35MHT
집밖 이동식	1.47MHT
집안 이동식	1.86MHT
집밖 고정식	1.96MHT
문전 수거	2.3MHT
벽면 부착식	2.38MHT

14. 관거수송의 장점과 단점을 각각 2가지씩 쓰시오.

(1) 장점

(2) 단점

해설 (1) 장점
- 악취, 소음진동의 문제가 적고 자동화, 안전화가 가능하다.
- 경관을 해치지 않는다.
- 에너지 절약이 가능하다.
- 투입과 수집이 용이하여 인건비 절감의 효과가 있다.
- 대량의 폐기물 발생지역(고밀도 발생지역)에 적용하기 용이하다.

(2) 단점
- 대형 폐기물에 대한 전처리 공정(파쇄, 압축)이 필요하다.
- 가설 후에 경로변경이 곤란하고 설치비가 비싸다.
- 잘못 투입된 폐기물은 회수하기가 곤란하다.
- 비교적 짧은 거리에서만 이용된다. (발생원 – 적환장, 적환장 – 소각장)
- 초기투자 비용이 많이 소요된다.

15. 적환장 설치가 필요한 경우 3가지를 쓰시오.

해설 ① 처분장소가 멀 때
② 수집차량의 적재용량이 작을 때($15m^3$ 이하)
③ 저밀도 주거지역일 때
④ 슬러리수송방식이나 공기수송방식 등을 채용할 때

16. 적환장의 위치 선정 시 고려해야 할 사항 3가지를 기술하시오.

해설 ① 수거대상 지역의 무게중심에 가까운 곳
② 주요 간선도로에 근접된 곳
③ 주변에 대한 환경성이 높고, 건설 및 작업 조작이 용이한 곳
④ 주거지역과 먼 곳
※ 위의 항목 중 3가지 기술

17. "A"시의 쓰레기를 매립장까지 운반하는데 소요되는 운반비용은 2,000원/km·톤이다. 그런데 중간에 적환장을 설치하여 운반하면 적환장으로부터 매립장까지의 운반비용이 1,500원/km·톤이다. 적환장 설치 전후의 비용이 같아지는 적환장의 설치위치는 쓰레기 발생지점으로부터 몇 킬로미터 지점인가? (단, 적환장의 관리비용은 위치에 관계없이 톤당 6,000원, 쓰레기 발생지점부터 매립장까지의 거리 20km, 설치비용 등 기타 조건은 고려하지 않음)

해설 식 중계시설 없을 경우 차량운반비용(원/km·톤)×운반거리(km) = 중계시설 있을 경우 차량운반비용(원/km·톤)×운반거리(km) + 중계시설 관리비용

식 발생지에서 매립장까지 운반비용×운반거리 = 발생지에서 적환장까지 운반비용×운반거리+적환장에서 매립장까지 운반비용×운반거리+중계시설 관리비용

- 쓰레기 발생지부터 매립지까지의 거리 = $20km$
- 쓰레기 발생지부터 적환장까지의 거리 = $x\,km$
- 적환장에서부터 매립지까지의 거리 = $(20-x)\,km$

$$\frac{2{,}000원}{km\cdot 톤}\times 20km = \frac{2{,}000원}{km\cdot 톤}\times X\,km + \frac{1{,}500원}{km\cdot 톤}\times(20-X)\,km + \frac{6{,}000원}{톤}$$

$\therefore X = 8km$

정답 8km

18. "A"시의 쓰레기를 매립장까지 운반하는데, 중계시설 없이 4톤의 차량으로 운반하면 운반비용은 5,600원/hr, 중계시설에서 20ton의 차량에 적재한 후 운반 시 16,000원/hr, 중계시설 설치 및 운영비용 900원/톤이다. 다음 물음에 답하시오.

(1) 경제적 이점이 되는 시간

(2) 운반속도가 40km/hr일 때, 도시와 매립지 사이에 몇 km 이상부터 중계처리시설을 두는 것이 경제적으로 이득이 되는가?

해설 (1) 경제적 이점이 되는 시간(hr)

식 중계시설 없을 경우 차량운반비용(원/hr·톤)×운반시간(hr) = 중계시설 있을 경우 차량운반비용(원/hr·톤)×운반시간(hr)+중계시설 설치 및 운영비용

$$\frac{5{,}600원}{hr\cdot 4톤}\times X\,hr = \frac{16{,}000원}{hr\cdot 20톤}\times X\,hr + \frac{900원}{톤}$$

$\therefore X = 1.5hr$

정답 1.5hr (또는 1.5hr 이상)

(2) 운반속도가 40km/hr일 때, 도시와 매립지 사이에 몇 km 이상부터 중계처리시설을 두는 것이 경제적으로 이득이 되는가?

식 적환장 설치거리(km) = 경제적 이점이 되는 운반시간 × 운반속도

$\therefore$ 적환장 설치거리(km) = $1.5hr \times 40km/hr = 60km$

정답 60km (또는 60km 이상)

19. LCA의 정의와 구성요소 4가지를 서술하시오.

(1) 정의

(2) 구성요소

> 해설 (1) 정의 : 폐기물의 원료, 생산, 유통, 사용, 폐기까지 전과정을 관찰함으로써 폐기물의 과정별 생성을 관찰하고 평가하여 효율적인 폐기물관리를 도모하는 방법이다.
>
> (2) 구성요소 (암기TIP) 목 목 영 개)
> - 목적 및 범위 설정(Goal Definition Scoping) (1단계)
> - 목록분석(Inventory Analysis) (2단계)
> - 영향평가(Impact Analysis or Assessment) (3단계)
> - 개선 평가 및 해석(Improvement Assessment) (4단계)

20. 청소상태의 평가방법 2가지를 쓰시오.

> 해설 ① 지역사회 효과지수(CEI)
> ② 사용자 만족도 지수(USI)

21. 다음의 항목을 폐기물관리의 우선순위별로 나열하시오.

| ㉠ 소각 | ㉡ 감량화 | ㉢ 매립 | ㉣ 재활용 |

> 해설 ㉡ 감량화 – ㉣ 재활용 – ㉠ 소각 – ㉢ 매립

CHAPTER 02 폐기물 처리

UNIT 01 기계적, 화학적 처분법 이해하기

1 압축

폐기물에 물리적으로 압력을 가하여 부피를 감소시키는 공정입니다.

① **목적**
  ㉠ 부피감소
  ㉡ 운반성 증대 및 운반비 절감
  ㉢ 유효 매립면적 증대(매립지 수명연장)
  ㉣ 매립 시 안전성의 증대

② **압축기의 종류** : 압축기는 압력강도에 따라 저압압축기와 고압압축기로 구분됩니다.
  • **저압압축기** : 압축강도 $700kN/m^2$ 이하로 주택가, 상가, 소규모 적환장에서 사용됩니다.
  • **고압압축기** : 압축강도 $700kN/m^2$ 이상으로 형태에 따라 고정식, 백, 수직식, 회전식 압축기로 구분됩니다.
  ㉠ 고정식 압축기
  ㉡ 백 압축기
  ㉢ 수직식 압축기(소용돌이식 압축기)
  ㉣ 회전식 압축기

③ **압축 계산식** : 부피감소 80%까지 소요되는 압축에 비해 부피감소 80% 이상으로 압축을 하려면 많은 에너지가 소요됩니다.

$$\text{식} \quad 압축비(CR) = \frac{압축 전 부피(V_1)}{압축 후 부피(V_2)} = \frac{압축 후 밀도(\rho_2)}{압축 전 밀도(\rho_1)}$$

$$\text{식} \quad 부피감소율(VR) = \frac{압축전 부피(V_1) - 압축후 부피(V_2)}{압축전 부피(V_1)} \times 100 = \left(1 - \frac{1}{CR}\right) \times 100$$

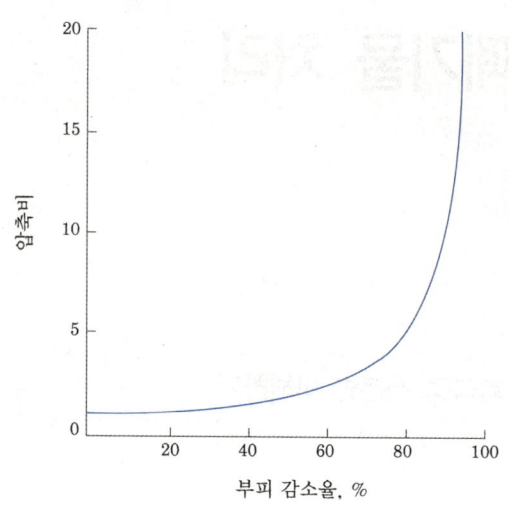

〈부피감소율에 따른 압축비의 정도〉

❷ 파쇄 및 절단

① **파쇄의 목적**
- ㉠ 안정성 증가
- ㉡ 비표면적 증가
- ㉢ 운반비 감소(단, 폐지만 예외)
- ㉣ 안정화기간 단축
- ㉤ 건조성과 연소성 향상(소각, 열분해, 퇴비화 효율 향상)
- ㉥ 선별효율 향상(유가물의 분리)
- ㉦ 겉보기 비중의 증가(매립지 수명 연장 및 지질의 개선)
- ㉧ 입경분포의 균일화

② **파쇄처리의 문제점**
- ㉠ 소음진동의 문제
- ㉡ 분진 발생
- ㉢ 폭발 우려

> 💡 **대책**
> - 방음벽, 방진패드 – 소음진동 대책
> - 집진설비 – 분진 대책
> - 산소의 농도가 10% 이하로 혼입되도록 억제하고 폐기물의 선별작업을 통해 폭발성물질을 제거, 가스탐지기 및 살수노즐 설치 – 폭발 대책

③ **파쇄 메커니즘** : 충격력, 전단력, 압축력

④ **파쇄기의 종류**
- ㉠ 메커니즘에 따른 분류
  - 충격파쇄기 : 파쇄속도 빠름, 고무 및 플라스틱 파쇄에 부적합
  - 전단파쇄기 : 파쇄속도 느림, 파쇄된 폐기물의 크기가 균일, 고무 및 플라스틱 파쇄에 적합
    - ※ 습식파쇄기(Pulverizer) : 습식에서 잘게 부수는 파쇄장치
    - ※ 세절기(Shredder) : 주로 종이류를 잘게 부수는 파쇄장치

- 압축파쇄기 : 대형 쓰레기 전처리 용이, 건설폐기물 및 유리, 플라스틱 처리 용이
  (압축파쇄기의 종류 : Rotary Mill, Impact crusher 등)
ⓒ 메커니즘 조합
- 회전식 파쇄기 : 충격파쇄 + 전단파쇄
  - 저속회전형 : 전단작용을 주체로 함
  - 고속회전형 : 충격작용을 주체로 함
- 왕복동식 파쇄기 : 고정칼과 왕복칼을 이용하여 파쇄, 왕복칼날을 V자형으로 구성하여 파쇄
  - 길로틴형 왕복동식 전단파쇄기 : 실린더로 폐기물을 눌러주면서 칼날을 수직으로 움직여 절단하는 방식
  - 왕복동식 압축전단파쇄기 : 길로틴형에 압축과정을 추가시킨 방식으로 대형폐기물의 처리에 적합하다.

⑤ **취성도** : 압축강도와 인장강도의 비

$$\text{취성도} = \frac{\text{압축강도}}{\text{인장강도}}$$

㉠ 취성도가 큰 물질 : 압축하중을 가하면 변형량은 적고 파괴가 잘 일어남(압축이 시작된 후 얼마 안 되어 부서짐)
㉡ 취성도가 작은 물질 : 압축하중을 가하면 변형량이 크고 파괴가 잘 일어나지 않음(압축이 시작된 후 상당히 구부러진 후 부서짐)

⑥ **파쇄이론**
㉠ kick 법칙 : 고형물이 파쇄되는 비율이 같으면 이것에 소요되는 에너지는 일정하다고 가정

$$E = C \cdot \ln\left(\frac{X_1}{X_2}\right)^n$$

- E : 에너지
- C : 상수
- X_1 : 파쇄 전 입자의 직경
- X_2 : 파쇄 후 입자의 직경

㉡ Rittinger 법칙 : 파쇄에 필요한 에너지가 표면적의 증가에 비례한다고 가정

$$E = C_R \cdot \left(\frac{1}{X_2} - \frac{1}{X_1}\right)$$

- E : 에너지
- C_R : 상수
- X_1 : 파쇄 전 입자의 직경
- X_2 : 파쇄 후 입자의 직경

㉢ Bond 법칙 : 파쇄에 필요한 에너지는 입자의 크기의 제곱근에 비례한다고 가정

$$E = C_b \cdot \left(\left(\frac{1}{X_2}\right)^{1/2} - \left(\frac{1}{X_1}\right)^{1/2}\right)$$

- E : 에너지
- C_b : 상수
- X_1 : 파쇄 전 입자의 직경
- X_2 : 파쇄 후 입자의 직경

⑦ 유효입경과 균등계수
  ㉠ 유효입경 : 입도 누적곡선상의 10%에 상당하는 입경
  ㉡ 균등계수 : 입도 누적곡선상의 60% 입경 / 유효입경

$$\text{식 균등계수}(U) = \frac{d_{p60}}{d_{p10}}$$

  ㉢ 곡률계수 : (입도 누적곡선상의 30% 입경)² / 유효입경 × 입도 누적곡선상의 60% 입경

$$\text{식 곡률계수}(Z) = \frac{(d_{p30})^2}{(d_{p10} \times d_{p60})}$$

⑧ 체하분포 : 체하분포는 전체 입경분포 중 대상입경보다 작은 입경의 비율을 말한다. 체하분포는 Rosin-Rammler식으로 산출된다.

$$\text{식}\ Y = 1 - \exp\left[-\left(\frac{X}{X_o}\right)^n\right]$$
$$\text{식}\ Y = 1 - \exp[-\beta \cdot X^n]$$

- Y : 체하입자의 중량분율(%)
- X_o : 특성입자의 크기
- X : 대상입자의 크기
- n, β : 계수

3 선별

① 목적 : 유용한 물질을 회수하거나 불필요한 물질을 제거하여 재활용, 재이용, 후단의 장치보호 등의 역할을 하기 위함이다.

② 선별공정의 종류
  ㉠ 공기선별법(풍력분별) : 공기를 이용하여 폐기물을 밀어내어 가벼운 폐기물을 분리하는 방법(공기주입방식에 따라 공기선별법(강한 바람)과 풍력분별로 구분하기도 함)
    • 공기선별기의 종류 : 입형, 횡형, 지그재그형, 트롬멜형, 캐스케이드형
  ㉡ 광학선별 : 폐기물에 빛을 투과시켜 투과되는 것과 투과되지 않는 것을 분리하는 방법(유리와 색유리, 돌과 유리 등)
  ㉢ 스크린선별법 : 폐기물을 스크린에 통과시켜 입경별로 분류하는 방법
    • 스크린의 종류
      - 회전 스크린 : 일반적으로 도시폐기물 선별에 많이 사용(trommel screen이 대표적)
      - 진동 스크린 : 주로 골재분리에 많이 사용
    • 스크린의 위치에 따른 분류
      - Post-screening : 파쇄 → 스크린(선별효율의 증진을 목적)
      - Pre-screening : 스크린 → 파쇄(파쇄설비의 보호를 목적)

ⓔ 세카터 : 회전하는 드럼위에 폐기물을 떨어뜨려서 튀어나가는 정도를 통해 분리하는 방법(퇴비 중 유리조각 선별 등)

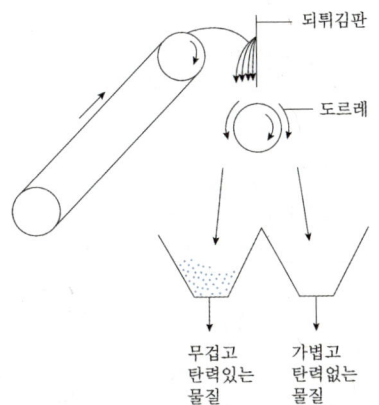

ⓜ 테이블 : 약간 경사진 평판에 폐기물을 올려놓고 좌우로 빠른 진동과 느린 진동을 주어 가벼운 입자는 빠른 진동쪽으로 무거운 입자는 느린 진동쪽으로 분류하는 방법

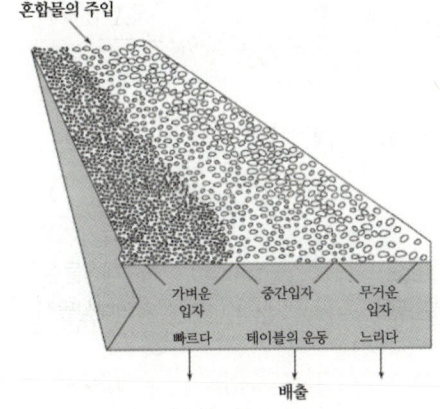

ⓗ 자석선별 : 자석을 이용하여 자성이 강한 물질을 분리하는 방법
ⓢ jigs(수중체 선별법) : 물이 잠겨있는 스크린 위에 분류하려는 폐기물을 넣고 수직으로 흔들어 가벼운 물질과 무거운 물질을 분리하는 방법(사금선별에 이용되던 방법)
ⓞ 스토너 : 약간 경사진 판에 진동을 줄 때 무거운 것이 빨리 올라가는 원리를 이용
ⓩ 와전류 분리 : 와전류를 통해 비자성이고 전기전도도가 우수한 물질을 분리하는 방법, 페러데이 법칙을 기초로 함(비철금속, 금속과 유리의 분리에 이용)
ⓧ 수선별 : 손으로 직접 선별하는 방법, 선별효율이 매우 높으나 선별과정이 다소 위험하다.
ⓚ 정전기선별 : 폐기물에 전하를 부여하고 전하량의 차에 따른 전기력으로 선별하는 장치(플라스틱과 종이의 선별)
ⓔ 저온파쇄 선별 : 폐기물을 냉동한 후 파쇄하여 선별하는 공정
ⓟ 부상(flotation) : 폐기물을 물에 넣어 밀도차에 의해 부상하는 것을 선별하는 방법
 ※ 수중 침강(wet classifiers) : 폐기물을 물에 넣어 중력침강속도의 차이로 분리하는 방법

ⓗ 유동상 분리(Fluidized bed separators) : 분쇄한 폐기물을 유동층(물을 충진한 사이클론 형태)에서 원심력을 이용하여 무거운 물질과 가벼운 물질을 분리하는 방법으로 금속을 회수하거나 모래를 비중별로 분리하는 공정

③ 트롬멜 스크린
  ㉠ 영향인자
    • 체눈의 크기   • 직경   • 경사도
    • 길이   • 회전속도   • 폐기물의 부하
  ㉡ 최적속도 = 임계속도 × 0.45
  ㉢ 임계속도 = $\sqrt{\dfrac{g}{4\pi^2 r}} \times 60$ (rpm, 회/min)
    • r : 트롬멜스크린의 반경

④ 선별효율
  ㉠ Worrell식 = 회수대상 회수율 × 제거대상 제거율

  $$\text{식} \quad \eta_w = \dfrac{X_c}{X_i} \times \dfrac{Y_o}{Y_i}$$

  ㉡ Rietema식 = 회수대상 회수율 − 제거대상 회수율

  $$\text{식} \quad \eta_R = \dfrac{X_c}{X_i} - \dfrac{Y_c}{Y_i}$$

  • $X_c(R_c)$: 회수된 회수대상물질   • $X_i(R_i)$: 회수대상물질
  • $Y_o(W_o)$: 제거된 제거대상물질   • $Y_i(W_i)$: 제거대상물질   • $Y_c(W_c)$: 회수된 제거대상물질

4 농축 · 건조 · 탈수

① **슬러지 처리계통** : 농축 − 소화 − 개량 − 탈수 − 처분
  (농축 − 소화 − 개량 − 탈수 − 소각 − 처분) → 소각 포함 계통도

② **농축방법** : 중력식, 부상식, 원심분리식

> 💡 슬러지의 개량방법
> • 물리적 개량방법   • 화학적 개량방법
> • 열처리에 의한 슬러지 개량   • 세정에 의한 슬러지 개량

③ **탈수방법** : 진공여과, 벨트프레스, 필터프레스, 원심분리

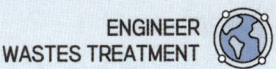

④ 물질수지

$$SL_1(1-X_{w1}) = SL_2(1-X_{w2})$$

$$SL = TS(\text{고형물의 양}) \times \frac{100}{X_{TS}(\text{고형물의 함량, \%})}$$

⑤ 슬러지의 비중

$$\frac{100}{\rho_{SL}} = \frac{TS}{\rho_{TS}} + \frac{W}{\rho_W} = \frac{VS}{\rho_{VS}} + \frac{FS}{\rho_{FS}} + \frac{W}{\rho_W}$$

5 고형화

고형화제를 첨가하여 폐기물의 표면적과 용출특성을 감소시켜서 폐기물을 안전화하는 방법이다.

① **고형화의 장단점**

장점(고형화의 세부목적)	단점
• 폐기물의 취급을 용이하게 한다. • 폐기물의 표면적 감소, 용출특성 감소 • 폐기물 내 오염물질의 용해도 감소 • 유해물질의 독성저하	• 폐기물의 양 및 무게가 증가하여 운반비용이 증가한다. • 고형화재의 사용으로 인한 처리비용 증가

💡 **고형화 처리 후 검사항목**
- 압축강도
- 투수율
- 용출시험
- 밀도
- 내구성
- 수축율

💡 **고형화 적용 폐기물의 종류**
- 폐내화물 및 도자기 편류
- 폐주물사
- 오니(슬러지)
- 유해 중금속
- 소각 잔재물
- 폐흡수제 및 폐흡착제
- 폐촉매
- 폐산 및 폐알칼리의 처리 후 잔재물

② **무기성 고형화**

㉠ 시멘트기초법 : 시멘트와 폐기물 및 물을 혼합하여 발생되는 화학반응 및 물리적 상호작용에 의해 고형화된다. 중금속, 산화물, 방사성 폐기물에 적용가능하며 주로 보통 포틀랜드 시멘트를 사용한다. 주 성분은 $3CaO \cdot SiO_2$(CaO : 63%, SiO_2 : 22%, Al_2O_3 : 6%, 기타성분 : 9%)이다.

- 시멘트배합 비율에 따른 시멘트의 조건변화
  - 시멘트 / 폐기물 : 시멘트 / 폐기물의 비가 클수록 강도는 증가한다.
  - 물 / 시멘트 : 물 / 시멘트의 비가 클수록 압축강도는 감소하고, 투수계수는 증가한다.

- pH : pH가 높을수록 용출특성은 줄어든다.

장점	단점
• 원료가 풍부하고 값이 쌈 • 특별한 기술이 필요 없음 • 폐기물의 건조나 탈수가 필요 없음 • 다양한 폐기물처리 가능 • 고형화된 폐기물은 비교적 강도가 높음	• 폐기물의 무게와 부피 증가 • 낮은 pH에서 폐기물 성분의 용출 가능성 있음 • 오일성분의 폐기물 처리가 어려움

ⓒ 석회기초법 : 석회와 미세한 포졸란 물질을 폐기물과 혼합하여 고형화하는 방법이다.
  • 포졸란 : 화산암의 풍화물로 규산을 많이 포함하고 물이 있을 때 석회와 화합하여 경화하는 성질의 것을 총칭한다. (포졸란물질 : 화산재, 규조토, 플라이애쉬, 제철슬래그 등)

장점	단점
• 원료가 풍부하고 값이 쌈 • 특별한 기술이 필요 없음 • 폐기물의 건조나 탈수가 필요 없음 • 두 가지 폐기물(소각재, 폐기물)을 동시에 처리할 수 있음	• 최종처분 물질의 양이 증가 • 낮은 pH에서 폐기물 성분의 용출 가능성 있음

ⓒ 자가시멘트법 : 연소가스 탈황 시 발생된 슬러지(FGD 슬러지)처리에 많이 사용한다. FGD 슬러지의 일부를 생석회화 한 후 소량의 첨가물을 넣어 수분량을 조절하여 고형화한다.

장점	단점
• 혼합율이 낮음 • 중금속의 저지에 효율적임 • 탈수 등 전처리가 필요 없음	• 장치비가 크며 숙련된 기술을 요함 • 보조 에너지가 필요함 • 많은 황화합물을 가지는 폐기물에만 적합함

ⓔ 유리화법 : 폐기물에 규소를 혼합하여 혼합물을 유리화시키는 방법이다. 유리화법은 침출이 거의 없기 때문에 방사능 폐기물과 독성이 강한 지정폐기물에만 적용된다.

장점	단점
• 첨가제의 비용이 비교적 쌈 • 2차 오염물질의 발생이 거의 없음	• 에너지 집약적(에너지 다량 소요) • 특수 장치와 숙련된 인원 필요

③ **유기성 고형화**

㉠ 열가소성 플라스틱법 : 고온에서 열가소성 플라스틱과 건조된 폐기물을 혼합한 후 냉각시킴으로 고형화하는 방법이다.

장점	단점
• 용출 손실률이 낮음 • 수용액의 침투에 저항성이 매우 큼 • 고형화된 폐기물을 나중에 회수하여 재활용 가능	• 크고 복잡한 장치와 고도의 기술 필요 • 높은 온도에서 분해되는 물질 사용불가 • 폐기물 건조 필요 • 화재의 위험성 • 혼합율이 비교적 높음

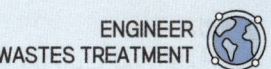

ⓒ 피막형성법 : 폐기물을 건조시킨 후 결합체와 혼합 후 이 혼합물을 약간의 고온에서 단시간 응고시킨다. 응고된 폐기물에 플라스틱으로 피막을 입혀 고형화하는 방법이다.

장점	단점
• 낮은 혼합율 • 침출성이 가장 낮음	• 많은 에너지 요구 • 시설비 및 운전비가 비싸고, 고도의 기술 필요 • 화재의 위험성

ⓒ 유기 중합체법 : 폐기물에 유기접합체(아스팔트, 폴리에틸렌, 에폭시 등)을 혼합하여 폐기물 내 유해물질을 물리적으로 고립시키는 방법이다.

장점	단점
• 혼합률(MR)이 낮음 • 수밀성이 큼 • 방사선 폐기물에 적용가능 • 에너지 소비율 낮음	• 부식성 존재 • 최종 처분 전에 건조하여야 함 • 처리비용이 비쌈 • 미생물 및 자외선에 안정성이 낮음

💡 유기성 고형화에서 사용되는 재료
① 요소수지 ② 폴리부타디엔 ③ 폴리에스테르 ④ 에폭시 ⑤ 아스팔트 등

④ 무기성 고형화와 유기성 고형화의 비교

비교	무기성	유기성
비용	저렴	비쌈
적용성	다양한 폐기물에 적용가능	다양한 폐기물에 적용가능 (무기성에 비해 적용성이 한정적)
독성	없음	있음
수밀성	양호	매우 큼
미생물, 자외선 안정성	높음	낮음
내구성	장기적 안정성	단기적 안정성

⑤ 고형화 처리 후의 부피변화

$$\text{부피변화율(VCF)} = \frac{V_2(\text{고형화 후 부피})}{V_1(\text{고형화 전 부피})} = (1 + MR(\text{혼합률})) \times \frac{\rho_1}{\rho_2}$$

• $V(\text{부피}) = m(\text{질량}) \times \frac{1}{\rho(\text{밀도})}$

기출문제로 다지기 — UNIT 01 기계적, 화학적 처분법 이해하기

01. 반입용량이 10ton/hr인 폐기물을 파쇄하는데 평균 크기 20cm의 폐기물을 5cm로 파쇄하는데 소요되는 동력(kW)을 Kick's 법칙을 이용하여 계산하시오. (단, n=1, 평균크기 20cm인 폐기물을 10cm로 파쇄하는데 에너지소모율은 12.5kW·hr/ton이다.)

해설 식 $E = C \ln\left(\dfrac{d_{p1}}{d_{p2}}\right)^n$

- $E_1 = 12.5 = C \ln\left(\dfrac{20}{10}\right)^1$, $C = 18.0336$
- $E_2 = 18.0336 \times \ln\left(\dfrac{20}{5}\right)^1 = 25\,kW\cdot hr/ton$

∴ 소요동력 $= \dfrac{25\,kW\cdot hr}{ton} \times \dfrac{10\,ton}{hr} = 250\,kW$

정답 250kW

02. 평균 입경이 20cm인 폐기물을 입경 1cm가 되도록 파쇄할 때 소요되는 에너지는 입경을 4cm로 파쇄할 때 소요되는 에너지의 몇 배인지 계산하시오. (단, Kick의 법칙을 적용, n=1)

해설 식 $E = C \ln\left(\dfrac{d_{p1}}{d_{p2}}\right)^n$

- $E_1 = C \times \ln\left(\dfrac{20}{1}\right)^1 = 2.9957\,C$
- $E_2 = C \times \ln\left(\dfrac{20}{4}\right)^1 = 1.6094\,C$

∴ $\dfrac{E_1}{E_2} = \dfrac{2.9957\,C}{1.6094\,C} = 1.86$

정답 1.86배

03. 파쇄기에 이용되는 작용력 3가지를 쓰시오.

해설 ① 압축작용, ② 절단작용, ③ 충격작용

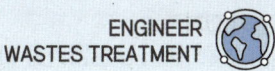

04. 건식파쇄방식 3가지를 쓰고 각각의 적용 쓰레기 1가지를 쓰시오.

[해설] ① 전단파쇄
　　　대상폐기물 : 목재류, 지질계, 고무, 플라스틱계 등
　　② 충격파쇄
　　　대상폐기물 : 와륵계, 유리계, 건조 목질계 등
　　③ 압축파쇄
　　　대상폐기물 : 대형쓰레기의 예비처리, 나무, 플라스틱, 폐콘크리트, 와륵계 등

05. 파쇄처리의 이점을 5가지만 쓰시오.

[해설] ① 안정성 증가　　　　　　　　　　　　② 비표면적 증가
　　③ 운반비 감소(단, 폐지만 예외)　　　　　④ 안정화기간 단축
　　⑤ 건조성과 연소성 향상(소각, 열분해, 퇴비화 효율 향상)　⑥ 선별효율 향상(유가물의 분리)
　　⑦ 겉보기 비중의 증가(매립지 수명 연장 및 지질의 개선)　⑧ 입경분포의 균일화

06. 투입량이 2ton/hr이고, 회수량이 1.5ton/hr(그 중 회수대상물질은 1.3ton/hr)이며 제거량 0.5ton/hr(그 중 회수대상물질은 150kg/hr)일 때 Worrell식 및 Rietema식에 의한 선별효율을 각각 계산하시오.

(1) Worrell식에 의한 선별효율

(2) Rietema식에 의한 선별효율

[해설] (1) Worrell식에 의한 선별효율 계산

[식] $E = (R_\eta) \times (W_\eta) = \left(\dfrac{R_c}{R_i} \times \dfrac{W_o}{W_i} \right) \times 100$

・R_c : 회수된 회수대상물질 = $1,300 kg/hr$
・R_i : 회수대상물질 = $1,300 + 150 = 1,450 kg/hr$
・W_o : 제거된 제거대상물질 = $500 - 150 = 350 kg/hr$
・W_i : 제거대상물질 = $2,000 - (1,300 + 150) = 550 kg/hr$

∴ $E = \left(\dfrac{1,300}{1,450} \times \dfrac{350}{550} \right) \times 100 = 57.05\%$

[정답] 57.05%

(2) Rietema식에 의한 선별효율 계산

식 $E = \left(\dfrac{R_c}{R_i} - \dfrac{W_c}{W_i}\right) \times 100(\%)$

- R_c : 회수된 회수대상물질 $= 1,300 kg/hr$
- R_i : 회수대상물질 $= 1,300 + 150 = 1,450 kg/hr$
- W_c : 회수된 제거대상물질 $= 1,500 - 1,300 = 200 kg/hr$
- W_i : 제거대상물질 $= 2,000 - (1,300 + 150) = 550 kg/hr$

$\therefore E = \left(\dfrac{1,300}{1,450} - \dfrac{200}{550}\right) \times 100(\%) = 53.29\%$

정답 53.29%

---

07. 폐기물 중 알루미늄을 선별하고자 한다. 폐기물 투입량은 120ton이고, 회수량이 100ton, 회수량 중 알루미늄캔 양이 90ton, 제거 폐기물 중 알루미늄캔 양이 5ton일 때 worrell식에 의한 선별효율(%)을 구하시오.

해설 **식** $E = \left(\dfrac{R_c}{R_i} \times \dfrac{W_o}{W_i}\right) \times 100$

- R_c : 회수된 회수대상물질 $= 90$톤
- R_i : 회수대상물질 $= 90 + 5 = 95$톤
- W_c : 제거된 제거대상물질 $= (120 - 100) - 5 = 15$톤
- W_i : 제거대상물질 $= 120 - 95 = 25$톤

$\therefore E = \left(\dfrac{90}{95} \times \dfrac{15}{25}\right) \times 100 = 56.84\%$

정답 56.84%

---

08. 폐기물 10톤 중 유리가 8% 존재한다고 가정하였을 때 다음 물음에 답하시오.

폐기물 종류(단 : ton/kg)	반입	제거	회수
유리	0.8	0.16	0.64
캔	9.2	8.92	0.28

(1) 유리의 회수율을 구하시오.

(2) 유리의 선별효율을 구하시오. (단, Worrell식 및 Rietema식 이용)

해설 (1) 유리의 회수율을 구하시오.

식 $R(\%) = \dfrac{\text{회수된 유리량}}{\text{투입된 유리의 총량}} \times 100$

∴ $R(\%) = \dfrac{0.64}{0.8} \times 100 = 80\%$

정답 80%

(2) 유리의 선별효율을 구하시오. (단, Worrell식 및 Rietema식 이용)
① Worrell식 이용

식 $E = \left(\dfrac{R_c}{R_i} \times \dfrac{W_o}{W_i} \right) \times 100$

∴ $E = \left(\dfrac{0.64}{0.8} \times \dfrac{8.92}{9.2} \right) \times 100 = 77.57\%$

정답 77.57%

② Rietema식 이용

식 $E = \left(\dfrac{R_c}{R_i} - \dfrac{W_c}{W_i} \right) \times 100$

∴ $E = \left(\dfrac{0.64}{0.8} - \dfrac{0.28}{9.2} \right) \times 100 = 76.96\%$

정답 76.96%

09. 100kg의 폐기물을 분석한 결과 종이류가 50%, 플라스틱류가 30%, 수분이 20%이다. 파쇄 후 수분 25%가 없어지며, 선별 후 종이류와 플라스틱류로 분류되었다. 종이류에는 플라스틱류 5%(혼합폐기물 중 플라스틱류가 5%)가 혼합되어 있고, 플라스틱류에는 종이류가 10%(혼합폐기물 중 종이류가 10%)가 혼합되어 있다. 그리고 수분은 80%가 종이류로 모여들고 플라스틱류의 수분은 20%가 증발된다. 선별 후 종이류와 플라스틱류의 무게(kg)를 계산하시오.

해설 (1) 종이 쪽의 무게 = 종이 + 플라스틱 + 잔류수분
∴ 종이 쪽의 무게 = 100×0.5×0.95+30×0.05+20×(1−0.25)×0.8 = 61kg

(2) 플라스틱 쪽의 무게 = 플라스틱 + 종이
∴ 플라스틱 쪽의 무게 = 100×0.3×0.9+50×0.1 = 32kg

10. Rosin-Rammler Model의 체하분포식을 쓰고, 각 Factor를 설명하시오.

해설 식 $Y = 1 - \exp\left[-\left(\dfrac{d_p}{d_{p_o}} \right)^n \right]$

• d_p : 폐기물의 입경   • d_{po} : 특성입자 크기   • n : 입경지수

11. Rosin-Rammler 모델은 폐기물 파쇄시 폐기물의 입자크기분포에 관한 모델식이다. 폐기물 95% 이상을 3cm보다 작게 파쇄할 때 특성입자의 크기(X_o, cm)를 산정하시오. (단, n=1)

해설 식 $Y = 1 - \exp[-(\frac{X}{X_o})^n]$

$\Rightarrow 0.95 = 1 - \exp\left[-\left(\frac{3}{X_o}\right)^1\right]$

$\therefore X_o = \frac{-3}{\ln(1-0.95)} = 1.00 \text{cm}$

정답 1.00cm

12. 직경 3m일 때, 트롬멜스크린의 임계속도(rpm)를 구하시오.

해설 식 $N_s = \sqrt{\frac{g}{4\pi^2 r}} \times 60$

$\therefore N_s = \sqrt{\frac{9.8}{4 \times \pi^2 \times 1.5}} \times 60 = 24.41 \text{rpm}$

정답 24.41rpm

13. 임계속도가 30rpm일 때, Trommel Screen의 직경(m)을 구하시오.

해설 식 $N_s = \sqrt{\frac{g}{4\pi^2 r}} \times 60$

$\Rightarrow 30 = \sqrt{\frac{9.8}{4 \times 3.14^2 \times r}} \times 60, \quad r(반경) = 0.9929 \text{m}$

$\therefore D = 2r = 2 \times 0.9929 = 1.99 \text{m}$

정답 1.99m

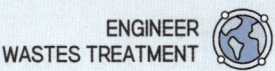

14. 유해폐기물 고화처리 시 흔히 사용하는 지표인 혼합률(MR)은 고화제 첨가량과 폐기물 양과의 중량비로 정의된다. 고화처리 전 폐기물의 밀도가 1.2ton/m³, 처리 후 폐기물의 밀도가 1.6ton/m³이라면 혼합률(MR)이 0.4일 때 고화 처리된 폐기물의 부피변화율(VCF)을 계산하시오.

해설 식 부피변화율$(VCF) = \dfrac{V_2}{V_1} = \dfrac{\text{고화처리 후 질량/밀도}}{\text{고화처리 전 질량/밀도}} = (1+MR) \times \dfrac{\rho_1}{\rho_2}$

∴ $VCF = (1+0.4) \times \dfrac{1.2}{1.6} = 1.05$

정답 1.05

15. 유해폐기물을 처리하는 고형화 처리방법 5가지를 쓰시오.

해설 ① 시멘트 기초법 ② 석회 기초법
③ 열가소성 플라스틱법 ④ 유기중합체법
⑤ 자가시멘트법 ⑥ 피막형성법

16. 고화처리방법 중 자가시멘트법의 장단점을 각각 2가지씩 쓰시오.

(1) 장점

(2) 단점

해설 (1) 장점
① 혼합율(MR)이 낮다.
② 중금속의 처리에 효과적이다.
③ 탈수 등의 전처리가 필요 없다.

(2) 단점
① 장치의 규모가 크고, 숙련된 기술을 요한다.
② 보조 에너지를 사용하여야 한다.
③ 많은 황화합물을 가지는 슬러지에만 적용가능하다.

17. 폐기물을 고형화 처리하는 목적과 장점 및 단점을 2가지씩 기술하시오.

(1) 고형화의 목적

(2) 장점 및 단점

> **해설** (1) 고형화의 목적 : 유해폐기물의 물리화학적 안정화 및 안전화(주목적)
> ① 슬러지 및 폐기물을 다루기 용이하게 함(handling)
> ② 용해도 감소(solubility)
> ③ 유해한 슬러지인 경우 독성 감소(toxicity)
> ④ 표면적 및 용출특성 감소
>
> (2) 장점 및 단점
> 1) 장점
> ① 폐기물의 취급을 용이하게 함
> ② 폐기물의 표면적 감소, 용출특성 감소 → 2차 오염을 방지
> ③ 폐기물 내 오염물질의 용해도를 낮춤
> ④ 유해물질의 독성을 저하시킴
> 2) 단점
> ① 처분 폐기물의 부피가 증가함
> ② 처분 폐기물의 운반비용이 증가함
> ③ 고형화재의 사용으로 인한 처리비용이 증가함

18. 폐기물을 고형화 처리하는 목적과 대상 폐기물의 성상을 말하시오.

(1) 고형화의 목적

(2) 폐기물의 성상

> **해설** (1) 고형화의 목적 : 유해폐기물의 물리화학적 안정화 및 안전화(주목적)
> ① 슬러지 및 폐기물을 다루기 용이하게 함(handling)
> ② 용해도 감소(solubility)
> ③ 유해한 슬러지인 경우 독성 감소(toxicity)
> ④ 표면적 및 용출특성 감소

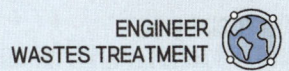

   (2) 폐기물의 성상
      ① 폐내화물 및 도자기 편류
      ② 폐주물사
      ③ 오니
      ④ 유해 중금속
      ⑤ 소각 잔재물
      ⑥ 폐흡수제 및 폐흡착제
      ⑦ 폐촉매
      ⑧ 폐산 및 폐알칼리의 처리 후 잔재물

19. 유기성 고형화 기술에서 사용되는 재료 5가지를 기술하시오.

해설 ① 요소수지, ② 폴리부타디엔, ③ 폴리에스테르, ④ 에폭시, ⑤ 아스팔트 등

20. 폐기물을 압축시켜 용적 감소율이 30%인 경우 압축비를 구하시오.

해설 식 $CR = \dfrac{V_1}{V_2} = \dfrac{1}{(1-VR)}$

$CR = \dfrac{1}{(1-0.3)} = 1.4285 ≒ 1.43$

정답 1.43

21. 60% 함수율(습윤량기준)을 가진 도시폐기물을 함수율 40%로 건조시키면 폐기물 1ton당 증발되는 수분량은 몇 kg인지 계산하시오. (단, 비중은 1.0)

해설 식 증발되는 수분량 = 건조 전 폐기물(W_1) − 건조 후 폐기물(W_2)

식 $W_1(1-X_{w1}) = W_2(1-X_{w2})$

$1ton \times (1-0.6) = W_2 \times (1-0.4)$

$W_2 = 0.6666 ton$

∴ 증발되는 수분량 = $1 - 0.6666 = 0.3334 ton ≒ 333.4kg$

정답 333.4kg

22. 고형물이 5%인 슬러지를 농축하였더니 고형물이 8.5%가 되었다. 다음 물음에 답하시오. (단, 고형물의 비중은 1.3 기준이다.)

(1) 농축 후의 슬러지 비중

(2) 부피감소율(%)

해설 (1) 농축 후의 슬러지 비중

식 $\dfrac{SL}{\rho_{SL}} = \dfrac{TS}{\rho_{TS}} + \dfrac{W}{\rho_w}$

$\dfrac{100}{\rho_{SL}} = \dfrac{8.5}{1.3} + \dfrac{91.5}{1}$, ∴ $\rho_{SL} = 1.02$

정답 1.02

(2) 부피감소율(%)

식 부피감소율(%) = $\dfrac{V_1 - V_2}{V_1} \times 100 = \dfrac{SL_1 - SL_2}{SL_1} \times 100$

식 $SL_1(1 - X_{w1}) = SL_2(1 - X_{w2})$ $SL_1 \times (1 - 0.95) = SL_2 \times (1 - 0.915)$, $SL_2 = 0.5882 SL_1$

∴ 부피감소율(%) = $\dfrac{1 - 0.5882}{1} \times 100(\%) = 41.18\%$

정답 41.18%

23. 소화조 가열에 1,000,000kcal/hr가 요구된다고 한다. 슬러지의 TS는 8%이고, VS는 90%이며 소화 시 VS의 50%가 소화가스로 전환되고 소화가스는 1m³ 당 5,000kcal/m³의 열량을 낸다. 제거된 VS 1kg 당 0.7m³의 소화가스가 발생된다고 하면, 소화조 가열에 필요한 최소슬러지량(m³/hr)을 구하시오. (단, 슬러지 비중 1.0)

해설 **식** 슬러지량 = 소요열량 × $\dfrac{1}{\text{가스 당 발생열량}}$ × $\dfrac{1}{\text{가스 발생량}}$ × $\dfrac{TS}{VS}$ × $\dfrac{SL}{TS}$

슬러지량(m³/hr) = $\dfrac{1,000,000 \text{kcal}}{\text{hr}} \times \dfrac{\text{m}^3}{5,000 \text{kcal}} \times \dfrac{1\text{kgVS}}{0.7\text{m}^3} \times \dfrac{100\text{TS}}{90\text{VS}} \times \dfrac{100\text{SL}}{8\text{TS}} \times \dfrac{1\text{m}^3}{1,000\text{kg}} \times \dfrac{1}{0.5}$

= 7.9364 ≒ 7.94m³/hr

정답 7.94m³/hr

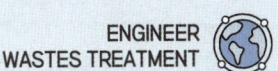

24. 고형물의 농도가 80kg/m³인 농축슬러지를 300m³/day 유량으로 탈수시키려 한다. 고형물 중량에 대해 25%의 소석회를 넣으면 (이때 첨가된 소석회의 50%가 고형물이 된다.) 15kg/m²·hr의 여과속도 및 함수율 70%의 탈수 Cake가 얻어진다. 탈수기의 하루 운전시간은 8시간이고 Cake의 비중은 1.0일 때 다음 물음에 답하시오.

(1) 여과면적(m²)을 계산하시오.

(2) 탈수 Cake의 양(ton/day)을 계산하시오.

해설 (1) 여과면적(m²)을 계산하시오.

식 여과면적(A_f) = $\dfrac{\text{고형물}}{\text{여과속도}}$

- 고형물 = $\dfrac{80\text{kg}}{\text{m}^3} \times \dfrac{300\text{m}^3}{\text{day}} \times \dfrac{1\text{day}}{8\text{hr}} \times (1 + 0.25 \times 0.5) = 3,375\text{kg/hr}$
- 여과속도 = 15kg/m²·hr

∴ 여과면적(A_f) = $\dfrac{3,375}{15} = 225\text{m}^2$

정답 225m²

(2) 탈수 Cake의 양(ton/day)을 계산하시오.

식 Cake = TS농도 × 슬러지량 × $\dfrac{1}{(1-X_w)}$

∴ Cake = $\dfrac{3,375\text{kg}}{\text{hr}} \times \dfrac{1\text{톤}}{10^3\text{kg}} \times \dfrac{100\text{SL}}{(100-70)\text{TS}} \times \dfrac{8\text{hr}}{1\text{day}}$

= $90 ton/day$

정답 90ton/day

UNIT 02 생물학적 처분법 이해하기

※ 미생물과 탄소원 및 에너지원

탄소원	CO_2(무기물)	독립영양
	유기물	종속영양
에너지원	태양광선	광합성
	산화환원반응	화학합성

탄소원과 에너지원에 따라 위의 표처럼 분류되고, 일반적으로 수질환경에서 미생물은 아래와 같이 4가지로 분류됩니다.
㉠ 광합성 독립영양미생물 : CO_2 섭취하고, 태양광선으로 에너지 얻는 미생물
㉡ 화학합성 독립영양미생물 : CO_2 섭취하고, 산화환원반응으로 에너지 얻는 미생물(예 황세균, 철세균, 질산화세균 등)
㉢ 광합성 종속영양미생물 : 유기물 섭취하고, 태양광선으로 에너지 얻는 미생물
㉣ 화학합성 종속영양미생물 : 유기물 섭취하고, 산화환원반응으로 에너지 얻는 미생물(예 세균, 균류, 원생동물, 미소후생동물 등 대부분의 미생물)

※ 생물학적 처분 물질수지

식 $FS_1 = FS_2$

1 호기성 처리

① **부유증식공법** : 미생물을 부유상태로 유동시켜 유기물을 제거하는 공법으로 폭기를 통해 미생물의 이동 및 산소공급을 합니다. 산소공급이 원활하므로 미생물의 증식속도 및 유기물제거속도가 빠른 큰 장점을 가지고 있습니다.
  ㉠ 활성슬러지 공법 : 미생물의 군락을 슬러지라 합니다. 이 형성된 슬러지에 산소를 주입(폭기)하여 슬러지를 활성화시켜 유기물을 제거하고 침전지에서 슬러지를 침전시켜 제거 또는 반송시키는 공법을 활성슬러지 공법이라 합니다.
   • 특징
     – 가장 많이 이용되는 공법이다.
     – 설계 및 시공, 운전에 대한 데이터가 풍부하다.
     – 운전이 비교적 어렵다.
   • 제거효율

식 $\eta = \left(1 - \dfrac{BOD_o}{BOD_i}\right) \times 100$

$$\boxed{식}\ P : 희석배수 = \frac{희석\ 후\ 부피(V_2)}{희석\ 전\ 부피(V_1)} = \frac{희석\ 전\ 염소농도(C_2)}{희석\ 후\ 염소농도(C_1)}$$

(희석이 있을 경우 농도에 희석배수를 곱하여 원래 농도로 환산한 후 제거효율식에 대입하여 답을 산출한다.)

- 호기성 분해 반응식

1) 글루코스(탄수화물) 분해 반응식

$$\boxed{반응식}\ C_6H_{12}O_6 + 6O_2 \rightarrow 6CO_2 + 6H_2O$$

2) 박테리아 호기성 분해 반응식

$$\boxed{반응식}\ C_5H_7O_2N + 5O_2 \rightarrow 5CO_2 + 2H_2O + NH_3 \rightarrow (질소성분\ 암모니아\ 분해\ 가정)$$
$$C_5H_7O_2N + 7O_2 \rightarrow 5CO_2 + 3H_2O + NO_3 + H \rightarrow (질소성분\ 질산염\ 분해\ 가정)$$

3) 반응차수
   - 0차 반응 : 반응물의 농도와 무관하게 시간에 따라서만 생성물의 양이 결정되는 반응($\gamma = -K$)

   $$\boxed{식}\ C_0 - C_t = K \cdot t$$

   - 1차 반응 : 반응물의 농도와 시간에 따라서 생성물의 양이 결정되는 반응($\gamma = -KC$)

   $$\boxed{식}\ \ln\frac{C_t}{C_0} = -K \cdot t$$

   - 2차 반응 : 반응물 농도의 제곱과 시간에 따라서 생성물의 양이 결정되는 반응($\gamma = -KC^2$)

   $$\boxed{식}\ \frac{1}{C_0} - \frac{1}{C_t} = -K \cdot t$$

   - C_0 : 초기 농도
   - C_t : 나중 농도
   - K : 반응속노상수
   - t : 시간

   ※ 반감기 : 초기 농도가 50% 감소되는데 걸리는 시간

ⓒ **활성슬러지 변법** : 활성슬러지 변법은 폭기조의 형태를 변화시켜 기존의 활성슬러지 공법용도별로 보다 나은 효율을 도모하기 위한 공법입니다.
- **점감식 폭기법** : 폭기조에서는 유입부에서 유기물의 함량이 많고, 그에 따른 필요산소량은 부족합니다. 폭기량을 유입부에 많게, 유출부에 적게 하여 효율을 증대하여 폭기조의 부피를 줄이거나 F/M비를 크게 할 수 있는 공법입니다.
- **계단식 폭기법** : 유입수를 유입지점으로 나누어 투입하는 방법입니다.
- **심층폭기법** : 폭기조의 수심을 깊게 하여 산소의 용해도를 증가시켜 폭기효율을 높이는 공법입니다. 부지면적을 적게 소요하고, 같은 폭기량 대비 유입부하를 크게 할 수 있습니다.

- 연속회분식 공법(SBR) : 하나의 반응조를 이용하여 유입, 폭기, 침전, 유출을 반복하는 공법으로 유입수의 성상에 따라 운전시간을 조절할 수 있습니다.
- 장기폭기법 : 폭기조에서의 체류시간을 길게 하여 미생물을 내생호흡단계로 하여 유기물을 저농도로 배출하는 공법입니다.
- 산화구법 : 체류시간을 길게 하여 1차 침전지를 설치하지 않고 타원형 수로로 반응조를 설치하고 2차 침전지에서 고액분리가 이루어지는 공법입니다.
- 순산소법 : 폭기시 순수한 산소를 주입하여 폭기량을 절반정도로 줄여도 같은 효과를 내는 공법입니다. MLSS를 높게 유지할 수 있어 유기물부하를 높게 하여 운전합니다.
- 클라우스공법 : 제거된 슬러지를 소화시키는 소화조의 상징수를 폭기조에 공급하여 영양균형을 유지하여 제거효율을 높이는 공법입니다. N, P가 부족한 유입수의 처리에 적합합니다.

② **부착증식공법** : 미생물을 media[1](상)에 부착시켜 부착된 미생물과 유입수 내의 유기물을 접촉시켜 처리하는 공법입니다. 상에 부착된 미생물들은 다양한 형태의 미생물의 종류를 구성하게 되고, 이는 여러 종류의 하수 또는 변동이 심한 하수에 대한 적응을 용이하게 합니다.

㉠ 살수여상 : 여재(자갈, 플라스틱 등) 등에 미생물로 생물막을 형성한 후 생물막에 유입수를 통과시켜 처리하는 공법입니다.

〈특징〉
- 연못화 현상의 문제가 있다.
- 파리발생의 문제가 있다.
- 동결문제가 있다.
- 부하에 따라 저속, 중속, 고속으로 조절한다.

※ 연못화 현상 : 여재표면에 물이 고이는 현상으로 여재가 불균일할 때, 유기물의 부하가 클 때, 미처리된 고형물이 많을 때 잘 발생합니다.

㉡ 회전원판법 : 회전하는 원판에 생물막을 형성하여 원판이 수면에 40% 정도 잠기게 하여 물속에서는 유기물과 접촉, 물 위에서는 산소공급을 받는 형태의 공법입니다.

〈특징〉
- 회전축의 주기적인 보수가 필요하다.
- 덮개가 없을 경우 악취문제와 외기의 영향이 크다.
- 질산화가 가능하며, 이에 따른 pH 저하 및 알칼리도 소모도 수반된다.

㉢ 접촉산화공법 : 접촉재에 발생 또는 부착된 미생물을 폭기조에 투입하여 유기물과 접촉시켜 처리하는 공법입니다.

〈특징〉
- 다량의 침전성 고형물이 존재할 때 운전이 어렵다.

---

1) media : 나무나 자갈 등 미생물을 부착시킬 수 있는 물체

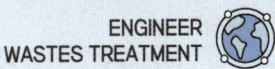

2 혐기성 처리

① **혐기성소화** : 혐기성미생물이 생육하기 알맞은 온도와 pH, 영양물질, 탄소원을 조절하여 미생물로 유기물을 제거하고, 발생된 메탄으로 에너지를 얻는 공법입니다.

㉠ 특징
- 유기물농도가 높은 물에 적합하다.
- 슬러지의 탈수성이 좋다.
- 슬러지 발생량이 적다.
- 소화가스에 악취 및 부식문제가 존재한다.
- 유지비용이 적게 든다.
- 초기 건설비는 많이 들고, 유지비용은 적게 든다.
- 운전이 어렵다.
- 체류시간이 길다.
- 영양물질이 적게 요구된다.

㉡ 혐기성 분해과정
- 가수분해 : 탄수화물, 지방, 단백질을 포도당(글루코스), 지방산(글리세린), 아미노산으로 분해하는 과정입니다.
- 산생성 : 포도당, 지방산, 아미노산을 유기산과 알코올 등으로 분해하는 것을 말합니다.
  - 유기산의 종류 : 초산, 프로피온산, 뷰틸산
- 초산생성(수소생성) : 유기산을 초산으로 분해하는 과정으로 부산물로 수소가 발생합니다.
- 메탄생성 : 초산과 수소를 메탄으로 전환하는 과정입니다. 초산은 메탄과 이산화탄소로 전환되고, 수소와 이산화탄소는 메탄과 물로 전환됩니다.

㉢ 혐기성 분해인자
- 온도 : 혐기성 분해는 온도에 따라 중온소화와 고온소화로 나뉩니다.
  - 중온소화 : 약 35℃로 미생물의 활성이 쉬워 고온소화보다 유기물 제거효율 우수, 3~4주 동안 운전
  - 고온소화(고율소화) : 약 55℃로 높은 온도로 병원균도 사멸가능, 1~2주 동안 운전, 유기물 부하율 1.8(kg VS/m^3 · day)로 중온소화에 비해 많은 양 처리가능
- pH : 약 7.0 이상으로 중성범위 유지(pH 7~8 범위)
- 알칼리도 : 약 2,000mg/L(하수슬러지 기준)
- 가스조성 : 혐기성분해가 완료되었을 때 메탄 60~65%, 이산화탄소 20~25%
- VS 제거율 : 일반적으로 50~70%
- ORP : 혐기성 상태를 유지하기 위해 환원상태인 −값을 유지한다.

㉣ 계산식
- 혐기성 분해반응식

  반응식 $C_6H_{12}O_6 \rightarrow 3CH_4 + 3CO_2$

- 소화율
  1) 유기물(VS)만 고려할 때

  $$E = \left(1 - \frac{VS_2}{VS_1}\right) \times 100$$

  2) 유기물(VS)과 무기물(FS) 모두 고려할 때

  $$E = \left(1 - \frac{VS_2/FS_2}{VS_1/FS_1}\right) \times 100$$

② **혐기성 접촉공법** : 소화법을 개량한 방법으로 조 내에서 완전혼합을 도모하여 소화조 용적을 줄일 수 있습니다.

〈특징〉
- 운전이 어렵다.
- 고농도 고형물 함유 폐수 처리가 어렵다.

③ **혐기성 여상법** : 반응조에서 여재를 투입하여 미생물을 부착시켜 처리하는 방법입니다.

〈특징〉
- 조건변동에 대한 적응성이 높다.
- 슬러지 반송이 필요없다.
- 초기 운전기간이 길다.

④ **상향류 혐기성 슬러지상(UASB, 자기조립법)** : 조 내에 고액분리막을 설치하고, 슬러지가 Pellet(작고 동그란 덩어리)를 형성하게 하여 유기물을 제거하는 공법입니다.

〈특징〉
- 막힘의 우려가 없다.
- 고부하의 처리가 가능하다.
- 운전이 어렵다.

❸ 호기성 처리와 혐기성 처리의 비교

인자	호기성	혐기성
적정 유기물부하	BOD 2,000ppm 이하	BOD 20,000ppm 이상
유기물 감소율	제거효율은 높으나 유기물의 제거 총량은 혐기성에 비해 작음	제거효율은 낮으나 유기물의 제거 총량은 호기성에 비해 큼
영양물질	BOD : N : P = 100 : 5 : 1 혐기성에 비해 영양물질 요구량이 높음(제거율이 높음)	BOD : N : P = 100 : 0.6 : 0.08 호기성에 비해 영양물질 요구량이 낮음(제거율이 낮음)
온도	20~30℃	• 중온소화 : 약 35℃ • 고온소화 : 약 55℃ (두 방법 다 온도에 민감)
가온여부	불필요	필요
악취	악취문제 있음, 밀폐형식일수록 악취문제 적음	소화조가 밀폐될 경우 악취문제가 적으나, 발생하는 소화가스에서 악취문제 존재
운영비	운영비가 높음	초기운영비는 높으나 이후 메탄발생으로 인한 운영비 절감으로 운영비는 상대적으로 적음
중금속 유입	반응저해인자로 작용	반응저해인자로 작용, 중금속유입에 대한 영향이 호기성에 비해 큼

UNIT 02 생물학적 처분법 이해하기

01. $C_6H_{12}O_6$ 1ton을 혐기성 분해 시 발생되는 메탄의 양을 무게(kg)와 부피(Sm^3)로 각각 계산하시오.

해설 (1) CH_4의 양(kg)

반응식 $C_6H_{12}O_6 \rightarrow 3CO_2 + 3CH_4$

180kg : 3×16kg
1,000kg : X_1, ∴ $X_1 = 266.67 kg$

(2) CH_4 부피(m^3)

반응식 $C_6H_{12}O_6 \rightarrow 3CO_2 + 3CH_4$

180kg : 3×22.4m^3
1,000kg : X_2, ∴ $X_2 = 373.33 m^3$

정답 266.67kg, 373.33m^3

02. $C_6H_{12}O_6$ 1kg을 혐기성으로 완전분해 시 생성될 수 있는 이론적 CH_4 및 CO_2의 양(kg)은?

(1) 메탄의 양(kg)

(2) 이산화탄소의 양(kg)

해설 (1) 메탄의 양(kg)

반응식 $C_6H_{12}O_6 \rightarrow 3CO_2 + 3CH_4$

180kg : 3×16kg
1kg : X_1 $X_1 = 0.27 kg$

정답 0.27kg

(2) 이산화탄소의 양(kg)

반응식 $C_6H_{12}O_6 \rightarrow 3CO_2 + 3CH_4$

180kg : 3×44kg
1kg : X_2 $X_2 = 0.73 kg$

정답 0.73kg

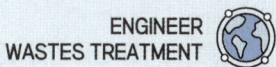

03. 유기성 폐기물을 1,134kg을 호기적으로 산화시키는데 필요한 산소량(kg)을 계산하시오.

> **초기화학식** $[C_6H_7O_2(OH)_3]_7$의 최종안정화산물은 $[C_6H_7O_2(OH)_3]_3$이며 안정화 후 남아있는 양은 486kg이다.
> $$C_aH_bO_cN_d + 0.5(ny + 2s + r - c)O_2 \rightarrow nC_wH_xO_yN_z + sCO_2 + rH_2O + (d+nz)NH_3$$
> • $r = 0.5(b - nx - 3(d-nz))$, $s = a - nw$

해설 **반응식** $C_aH_bO_cN_d + 0.5(ny + 2s + r - c)O_2$
$\rightarrow nC_wH_xO_yN_z + sCO_2 + rH_2O + (d+nz)NH_3$

반응식 $[C_6H_7O_2(OH)_3]_7 + 24O_2$
$\rightarrow [C_6H_7O_2(OH)_3]_3 + 24CO_2 + 20H_2O$

$a = 6 \times 7 = 42$, $\quad b = (7+3) \times 7 = 70$
$c = (2+3) \times 7 = 35$, $\quad d = 0$
$n = 1$, $\quad w = 6 \times 3 = 18$
$x = (7+3) \times 3 = 30$, $\quad y = (2+3) \times 3 = 15$
$z = 0$, $\quad s = a - nw = 42 - (1 \times 18) = 24$
$r = 0.5(b - nx - 3(d-nz))$
$\quad = 0.5 \times (70 - 1 \times 30 - 3 \times (0 - 1 \times 0)) = 20$

$[C_6H_7O_2(OH)_3]_7 + 24O_2 \rightarrow [C_6H_7O_2(OH)_3]_3 + 24CO_2 + 20H_2O$

1134kg : 24×32kg
1134kg : Xkg $\quad \therefore X = 768$kg

정답 768kg

04. 유해폐기물이 1차 반응식에 따라 감소한다. 반감기가 50시간일 때 감소속도 상수(hr^{-1})를 구하시오.

해설 **식** $\ln\left(\dfrac{C_t}{C_0}\right) = -k \times t$

$\ln\left(\dfrac{0.5C_0}{C_0}\right) = -k \times 50hr$

$\therefore k = 0.0138 ≒ 0.01/hr$

정답 0.01/hr

05. 유해폐기물이 1차 반응식에 따라 감소할 경우 반감기(hr)는? (단, 1차 속도상수 0.00885/hr)

해설 식 $\ln\left(\dfrac{C_t}{C_0}\right) = -k \times t$

$\ln\left(\dfrac{0.5 C_0}{C_0}\right) = -0.00885/hr \times t(hr)$

∴ t = 78.32hr

정답 78.32hr

06. 유기성 폐기물이 10ton일 경우 회수될 수 있는 메탄양(m^3) 및 금전적 가치(원)를 산정하시오.

조건
1. 도시폐기물 중 유기성분의 수분함량 : 30%
2. 고형물 체류시간 : 30일
3. 휘발성 고형물, VS = 0.85×TS(총 고형물)
4. 생분해 가능한 휘발성 고형물, BVS = 0.70×VS
5. 예상 BVS 전환율 : 90%
6. 가스 발생량 : 0.5m^3/kg · BVS
7. 가스 에너지 함량 : 5,250kcal/m^3
8. 에너지 가치 : 5,500원/10^5kcal

(1) 메탄양(m^3)

(2) 금전적 가치(원)

해설 (1) 메탄양(m^3)

식 $CH_4 = 폐기물 \times \dfrac{TS}{폐기물} \times \dfrac{VS}{TS} \times \dfrac{BVS}{VS} \times BVS전환율 \times 가스발생량$

$CH_4(m^3) = 10\text{ton}(W) \times \dfrac{1,000kg}{1\text{ton}} \times \dfrac{(100-30)TS}{100(W)} \times \dfrac{85\,VS}{100\,TS} \times \dfrac{70\,BVS}{100\,VS} \times \dfrac{90}{100} \times \dfrac{0.5m^3}{kg\,BVS}$

$= 1874.25 m^3$

정답 1,874.25m^3

(2) 금전적 가치(원)

$$X(원) = 1,874.25 \text{m}^3 \times \frac{5,250 \text{kcal}}{\text{m}^3} \times \frac{5,500원}{10^5 \text{kcal}} = 541,189.69원$$

정답 541,189.69원

07. 유기물 $C_{60}H_{93}ON$ 1ton을 호기성으로 분해할 때 필요한 산소량(Sm^3)을 계산하시오.

해설 **반응식** $C_{60}H_{93}ON + 82O_2 \rightarrow 60CO_2 + 45H_2O + NH_3$
843kg : 82×22.4m³

$1 \text{ton} \times \dfrac{10^3 \text{kg}}{1 \text{ton}} : X, \quad \therefore X = 2178.88 \text{m}^3$

정답 2178.88m³

08. 호기성 소화에 비해서 혐기성 소화의 장점을 6가지 쓰시오. (예시 : 규모가 크면 건설비가 싸다 등, 예시문 답안에서 제외)

해설 ① 고농도물질의 처리가 용이함
② 영양물질 요구량이 낮음
③ 동력비가 적게 듦
④ 생성된 슬러지의 탈수가 용이함
⑤ 부산물로 메탄을 얻을 수 있음
⑥ 유기물 제거총량이 큼

09. 독립영양미생물과 종속영양미생물의 차이점을 기술하시오.

해설 • 종속영양미생물의 탄소원은 유기탄소
• 독립영양계 미생물의 탄소원은 CO_2

10. 조성이 $C_{60}H_{93}ON$인 유기물질 30kg이 호기성 분해할 때 필요한 이론 산소량(m^3)은? (단, 암모니아는 산화된다고 가정)

해설 식 $C_{60}H_{93}ON + 84O_2 \rightarrow 60CO_2 + 46H_2O + HNO_3$
843kg : $84 \times 22.4 m^3$
30kg : $X m^3$, ∴ $X(=O_2) = 66.96 m^3$

정답 $66.96 m^3$

11. 호기성 소화방법에 의하여 100kL/day의 분뇨를 처리할 경우 처리장에 필요한 송풍량(m^3/hr)을 구하시오. (단, BOD 20,000ppm, 제거율 60%, 제거 BOD당 필요 풍량 100m^3/kg, 분뇨 비중 1.0)

해설 식 필요송풍량 = 분뇨투입량×BOD농도×제거율×제거BOD당 필요풍량
∴ 필요송풍량
$= \dfrac{100 kL}{day} \times \dfrac{20,000 mg}{L} \times \dfrac{10^3 L}{1 kL} \times \dfrac{1 kg}{10^6 mg} \times 0.6 \times \dfrac{100 m^3}{1 kg} \times \dfrac{1 day}{24 hr}$
$= 5,000 m^3/hr$

정답 $5,000 m^3/hr$

UNIT 03 자원화 및 재활용 이해하기

1 물질 및 에너지 회수

(1) 신재생에너지 : 기존의 화석연료를 재활용하거나 재생 가능한 에너지를 변환시켜 이용하는 에너지를 말한다.
  ① **신에너지** : 연료전지, 수소에너지, 석탄가스/액화
  ② **재생에너지** : 수력, 바이오, 태양열, 태양광, 풍력, 지열, 폐기물

(2) 고체연료화(SRF)
  ① RDF : 생활폐기물을 선별 및 가공하여 만든 연료
    ㉠ 생산공정

```
┌─────────────────────────────────────────────────┐
│ 쓰레기의 전처리 : 선별, 조대폐기물 제거, 금속물질 분리, 파쇄 │
└─────────────────────────────────────────────────┘
                        ↓
┌─────────────────────────────────────────────────┐
│      폐기물 중의 유해성분 및 비가연성 물질의 제거       │
└─────────────────────────────────────────────────┘
                        ↓
┌─────────────────────────────────────────────────┐
│     최종조형단계 : 건조, 압축조형, 다른 연료와 혼합     │
└─────────────────────────────────────────────────┘
```

㉡ RDF의 종류
  - Fluff RDF : 파쇄시킨 가연성 폐기물을 가장 단순한 방법으로 성형한 20~50mm 정도의 사각형모양
  - Powder RDF : Fluff RDF를 0.5mm 이하로 파쇄시켜 분말화한 모양
  - Pellet RDF : Fluff RDF를 압밀 성형시켜 운반 및 보관, 단위 무게당 열량을 높이기 위해 Pellet으로 만든 원통형 모양의 고체연료

㉢ RDF의 구비조건
  - 적당한 크기와 형상을 가질 것
  - 발열량이 3,500kcal/kg 이상일 것(저위 발열량 기준, 발열량이 높을수록 좋음)
  - 수분이 10% 이하일 것(적을수록 좋음)
  - 회분(재)이 20% 이하일 것(적을수록 좋음)
  - 염소 함유량이 2% 이하일 것
  - 황 함유량이 0.6% 이하일 것
  - 중금속함유량이 기준치 이하일 것
  - 저장 및 수송이 용이할 것
  - 기존의 시설에 적용이 용이할 것
  - 대기오염이 적을 것

② RPF : 폐플라스틱을 중량기준으로 60% 이상 사용한 고형연료
③ TDF : 폐타이어를 사용하여 제조한 고형연료제품
④ WCF : 목재칩을 사용하여 제조한 고형연료제품
⑤ SDF : 하폐수슬러지 등을 사용하여 제조한 고형연료제품

(3) **고체연료의 문제점**

① 사용범위의 한계(일반화가 어려움)
② 낮은 발열량
③ 쓰레기의 종류와 조성에 따라 품질이 달라짐
④ 염소 함유량

2 유기성 폐기물 자원화

(1) **퇴비화 기술** : 유기성 폐기물을 미생물을 이용하여 분해(주로 호기성 분해)시켜 생물학적으로 유기물을 안정화 시킨 후 퇴비로 사용하는 방법

① **퇴비화 단계**

전처리 → 초기단계 → 고온단계 → 냉각단계 → 숙성 → 발효완료 → 저장

㉠ 전처리 : 선별 및 파쇄
㉡ 발효
- 1차 발효, 초기단계(중온단계) : 온도 25~45℃의 중온성 Fungi(균류), Bacteria(세균)의 미생물이 증식
- 2차 발효, 고온단계 : 40℃ 이상으로 상승한 온도에서 미생물이 고온성세균과 방선균 등으로 대체되고 이 미생물들이 증식하며 온도가 60~70℃까지 상승, 이 단계가 2주 이상 유지되며 병원균, 기생충란, 파리알 등이 사멸된다.

㉢ 숙성 : 온도가 40℃ 이하로 내려가 중온성 미생물이 재정착되고 안정화되는 단계로 3주 이상 소요된다.
㉣ 발효 완료 : 퇴비화가 완료되었다.
㉤ 저장 : 완료된 퇴비를 저장한다.

② **퇴비화 필요조건**

㉠ 퇴비화 하기 쉬운 재료를 선정 : 분해하기 쉬운 유기물과 분해하기 어려운 유기물이 적당히 포함되어 있어야 한다.
㉡ 적정한 입도 : 통상 10~20mm의 입도를 가진 폐기물이 적합
㉢ 적당한 수분함량 : 50~60%(너무 낮으면 발효되지 않고, 너무 높으면 혐기성화 됨)
㉣ C/N비 : 25~30(적정 범위, 경우에 따라 30~50으로 하기도 한다. 50 이하 20 이상으로 운전하는 것이 좋다.), 보통 미생물 균체의 C/N비는 16 전후이나 퇴비화 시에는 이 값의 2배 전후인 25~30으로

하여야 한다. 최종적으로 C/N비가 10 이하가 되면 퇴비가 완료된 것으로 본다. (또는 초기 C/N비의 0.75 이하이면 완료된 것으로 본다.)

※ C/N비 : C(탄소)와 N(질소)의 비로 미생물이 증식하려면 적당한 탄소와 함께 질소가 필수적이다. 퇴비화에서 탄소성분이 많은 폐기물은 주로 톱밥, 볏짚, 낙엽, 곡류, 종이류 등이고 질소성분이 많은 폐기물은 분뇨, 음식물쓰레기 등이다. C/N비가 낮을 경우 통기성과 적정 C/N비를 맞추기 위해 팽화제(Bulking Agent)를 투입한다.

- C/N가 너무 높으면 많은 탄소가 탄산가스로 휘산되어 탄소함량이 줄어들어 C/N비가 저하되고 미생물의 증식이 억제되며 유기산이 형성되어 pH가 낮아지며 증식속도가 감소되면서 퇴비화 소요일수가 늘어나게 된다.
- C/N가 너무 낮으면 질소가 암모니아가스 또는 질소가스로 공기 중으로 휘발되어 질소함량이 줄어들고 악취가 발생한다.

⟨일반적인 폐기물의 C/N비⟩

물질	C/N
폐목재	200~500
종이류	200
낙엽	40~80
신문지	983
포장지	4490
잡초	20
소화 전 활성슬러지(생슬러지)	6.3
소화 후 활성슬러지	15.7
가축분뇨	20
과일류	34.8

- C/N비 산출

$$\text{혼합 } C/N = \frac{W_1 \times 탄소함량(W_1) + W_2 \times 탄소함량(W_2)}{W_1 \times 질소함량(W_1) + W_2 \times 질소함량(W_2)} = \frac{W_1 \times C/N + W_2 \times C/N}{W_1 + W_2}$$

- 팽화제(Bulking Agent) : 주로 탄소성분으로 이루어진 물질로 통기성개선, 수분조절, C/N조절을 위해 투입한다. (예 볏짚, 낙엽, 톱밥, 분쇄한 종이 등)
ⓜ pH : 6~8(중성영역 유지), 분해초기에는 pH가 낮아졌다가 다시 상승하며 숙성단계에서는 중성 내지 약알칼리성의 pH를 유지한다.
ⓗ 적절한 공기의 공급 : 필요한 공기를 공급하면서도 공기로 인한 냉각을 주의하며 공급한다.
→ 산소로서 5~15%가 되도록 한다.

③ 퇴비화 프로세스
㉠ 호기성 / 혐기성 퇴비화
- 호기성 : 일반적인 퇴비화과정으로 발효조를 교반하거나 공기를 공급하여 호기성 미생물을 이용하여 퇴비화하는 방법, 퇴비화 속도가 빠르다.

※ 친산소성 퇴비화 : 폐기물에 적당한 수분과 영양분, 공기를 공급하여 친산소성 미생물을 이용하여 퇴비화하는 방법
- 혐기성 : 공기를 차단하여 혐기성 미생물을 이용하여 퇴비화하는 방법, 퇴비화 속도가 느리다.

ⓒ 퇴비단 공법
- 야적퇴비화(퇴비단식, Windrow process composting) : 대각선으로 삼각형이고 폭이 높이를 초과하는 형태의 단(pile)을 쌓아 퇴비화하는 방식으로 단(pile)을 주기적으로 뒤집어 공기를 공급하며 이때 수분을 공급하기도 한다. 악취와 침출수 문제가 존재하며 유기물이 완전히 분해하는데 3~5년의 시간이 걸린다.
- 공기주입식 퇴비단 공법 : 단(pile)을 쌓아놓고 펌프를 이용하여 공기를 공급시키는 방법으로 공기주입식과 공기흡입식으로 구분된다. 야적퇴비화식에 비해 병원균 파괴율이 높다.

ⓒ 기계식(밀폐형)
- 송풍량에 따른 분류
  - 준고속퇴비화(semi-high-rate composting) : 폐기물의 파쇄, 교반, 송풍에 의해 폐기물을 퇴비로 발효하는 공법이다. 적절한 공기주입으로 운영된다.
  - 고속퇴비화(high-rate composting) : 폐기물의 파쇄, 교반, 송풍에 의해 폐기물을 빠른 시일 내에 퇴비로 발효하는 공법으로 보통 2일에서 4일 안에 완료된다.
- 수직형/수평형
  - 수직형 : 부피를 적게 차지하나 폐기물의 주입 및 공기공급의 어려움이 있다.
  - 수평형 : 운영상의 문제는 적으나 면적을 많이 차지한다.

④ 퇴비화의 문제점
ⓐ 생산된 퇴비의 가치가 낮다.(염분 함량이 높음)
ⓑ 퇴비제품의 품질 표준화가 어렵다.
ⓒ 부지를 많이 소요한다.
ⓓ 부피감소가 크지 않다.(50% 이하)
ⓔ 악취 발생의 우려가 있다.

(2) 사료화 기술

사료화는 음식물쓰레기를 개량하여 사료로 만드는 과정을 말합니다. 이 과정에서 염분을 낮추고 미생물을 이용하여 소화, 유기물 첨가, 파쇄, 건조 등의 과정을 거쳐 사료로 만들어집니다.

UNIT 03 자원화 및 재활용 이해하기

01. 폐슬러지(C/N = 7.0)와 음식물폐기물(C/N = 60)을 혼합하여 퇴비화할 때 혼합폐기물의 C/N = 25로 조절하기 위해 폐슬러지에 대한 음식물폐기물의 비율은 몇 %인지 계산하시오. (단, 폐슬러지 함수율 : 75%(N성분 : 5%), 음식물폐기물 함수율 : 50%(고형물 중 N성분 0.6%)이고 중량기준, 비중은 1.0이다.)

[해설] [식] 혼합 $C/N = \dfrac{W_1 \times 탄소함량(W_1) + W_2 \times 탄소함량(W_2)}{W_1 \times 질소함량(W_1) + W_2 \times 질소함량(W_2)}$

$= \dfrac{W_1 \times C/N + W_2 \times C/N}{W_1 + W_2}$

$25 = \dfrac{(1-X_2) \times 7 + 60 \times X_2}{X_1 + X_2}$

- $X_1 = 0.6604$
- $X_2 = 0.3396$

$\therefore \dfrac{음식물폐기물의 양}{폐슬러지의 양} \times 100(\%)$

$= \dfrac{0.3396}{0.6604} \times 100\% = 0.5142 ≒ 51.42\%$

[정답] 51.42%

02. 퇴비화 영향인자 중 C/N비에 대한 설명이다. 다음 조건에서 발생하는 현상을 쓰시오.

(1) C/N비가 80 이상인 경우

(2) C/N비가 20 이하인 경우

[해설] (1) C/N비가 80 이상인 경우 : C/N가 너무 높으면 많은 탄소가 탄산가스로 휘산되어 탄소함량이 줄어들어 C/N비가 저하되고 미생물의 증식이 억제되며 유기산이 형성되어 pH가 낮아지며 증식속도가 감소되면서 퇴비화 소요일수가 늘어나게 된다.

(2) C/N비가 20 이하인 경우 : C/N가 너무 낮으면 질소가 암모니아가스 또는 질소가스로 공기 중으로 휘발되어 질소함량이 줄어들고 악취가 발생한다.

03. 볏짚에 분뇨를 혼합하여 퇴비화하려 한다. 초기 C/N비를 27로 유지하기 위한 분뇨의 투입비율(%)을 산정하시오. (단, 질량 기준, 유기물 기준)

> - 볏짚 : 함수율 25%, 총 고형물 중 유기탄소량 85%, 총 고형물 중 유기질소량 3%
> - 분뇨 : 함수율 95%, 총 고형물 중 유기탄소량 30%, 총 고형물 중 유기질소량 10%

해설 **식** $(C/N)_m = \dfrac{W_1(C/N)_1 + W_2(C/N)_2}{W_1 + W_2}$

- $(C/N)_1 = \dfrac{0.6375}{0.0225} = 28.33$
  - 볏짚에 함유된 탄소의 양 : $C = (1-0.25) \times 0.85 = 0.6375 \,\text{kg/kg}$
  - 볏짚에 함유된 질소의 양 : $N = (1-0.25) \times 0.03 = 0.0225 \,\text{kg/kg}$
- $(C/N)_2 = \dfrac{0.015}{0.005} = 3$
  - 분뇨에 함유된 탄소의 양 : $C = (1-0.95) \times 0.3 = 0.015 \,\text{kg/kg}$
  - 분뇨에 함유된 질소의 양 : $N = (1-0.95) \times 0.1 = 0.005 \,\text{kg/kg}$

$27 = \dfrac{(1-W_2) \times 28.33 + W_2 \times 3}{(1-W_2) + W_2}$

$X_1 = 0.9475, \ X_2 = 0.0525$

$\therefore X_2 = 0.0525 \times 100(\%) = 5.25\%$

정답 5.25%

---

04. 분뇨와 볏짚의 구성 성분이 다음 표와 같다. 무게비 1:2로 혼합시 C/N비는 얼마인가?

구분	함수율	총 고형물 중 유기탄소량	총 질소량
분뇨	90%	40	20
볏짚	15%	90	5

해설 **식** C/N비 $= \dfrac{\text{혼합물 중 탄소의 함량}}{\text{혼합물 중 질소의 양}}$

- 탄소의 양 C
$= \left[\dfrac{1}{3} \times (1-0.9) \times 0.4 + \dfrac{2}{3} \times (1-0.15) \times 0.9\right] = 0.523$

- 탄소의 양 N
$= \left[\dfrac{1}{3} \times (1-0.9) \times 0.2 + \dfrac{2}{3} \times (1-0.15) \times 0.05\right] = 0.035$

$\therefore$ C/N비 $= \dfrac{0.523}{0.035} = 14.94$

정답 14.94

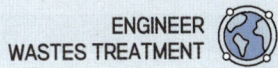

05. 함수율 98%인 슬러지 1톤을 함수율 40%인 톱밥을 혼합하여 65%인 함수율로 만들기 위해 필요한 톱밥 양(ton)을 구하시오.

해설 식 $X_{wm} = \dfrac{SL \cdot X_{w1} + W \cdot X_{w2}}{SL + W}$

- X_{wm} : 혼합후 함수율 = 65%
- SL : 함수율 98%인 슬러지의 양 = 1 ton
- W : 함수율 40%인 톱밥의 양
- X_{w1}, X_{w2} : 슬러지와 톱밥의 각 함수율 = 98%, 40%

∴ $65\% = \dfrac{1 \times 98 + W \times 40}{1 + W}$,   ∴ $W = 1.32$톤

정답 1.32톤

06. RDF(Refuse Drived Fuel) 재료가 갖추어야 하는 구비조건 4가지를 쓰시오.

해설
- 적당한 크기와 형상을 가질 것
- 발열량이 3,500kcal/kg 이상일 것(저위 발열량 기준, 발열량이 높을수록 좋음)
- 수분이 10% 이하일 것(적을수록 좋음)
- 회분(재)이 20% 이하일 것(적을수록 좋음)
- 염소 함유량이 2% 이하일 것
- 황 함유량이 0.6% 이하일 것
- 중금속함유량이 기준치 이하일 것
- 저장 및 수송이 용이할 것
- 기존의 시설에 적용이 용이할 것
- 대기오염이 적을 것

07. 퇴비화 인자 3가지와 최적의 운전범위를 쓰시오.

해설 ① C/N 비 : 25~30 ② 수분 : 50~60% ③ 온도 : 50~60°C ④ pH : 6~8
⑤ 공기공급 : 산소로서 5~15%가 되도록 한다.

08. 퇴비화 시 톱밥, 왕겨 등을 넣는 이유 2가지를 쓰시오.

해설 ① 통기성 개선, ② 적정 C/N비 유지, ③ 수분조절

CHAPTER 03 소각, 열분해 등 열적처분

UNIT 01 연소이론 파악하기

1 연소이론

(1) 연소의 정의

① **연소** : 물질의 산소 또는 산화제와 결합하여 빛과 열을 내는 반응(발열반응, 산화반응)

② **연소온도** : 연료가 연소하고 있는 온도. 연소에 의해 발생한 열량에서 외부로의 열전달량을 빼고, 그것을 연소 생성물의 비열로 나눈 것에 상온을 더한 것

③ **연소 시 착화온도가 낮아지는 조건**
  ㉠ 공기의 산소농도 및 압력이 높을수록 낮아진다.
  ㉡ 활성화에너지는 작을수록 낮아진다.
  ㉢ 비표면적이 클수록 낮아진다.
  ㉣ 발열량이 클수록 착화온도는 낮아진다.
  ㉤ 반응활성도가 클수록 낮아진다.
  ㉥ 분자구조가 복잡할수록 낮아진다.
  ㉦ 화학결합의 활성도가 클수록 착화온도는 낮아진다.

(2) 연료에 따른 연소특성

① **매연발생에 관한 설명**
  • 분해가 쉽거나 산화하기 쉬운 탄화수소는 매연 발생이 적다.
  • -C-C-의 탄소결합을 절단하기보다 탈수소가 쉬운 쪽이 매연이 생기기 쉽다.
  • 연료의 C/H의 비율이 클수록 매연이 생기기 쉽다.
  • 탈수소, 중합 및 고리화합물 등과 같은 반응이 일어나기 쉬운 탄화수소일수록 매연이 잘 생긴다.

② **그을음 발생에 관한 설명**
  • 분해나 산화하기 쉬운 탄화수소는 그을음 발생이 적다.

- C/H 비가 큰 연료일수록 그을음이 잘 발생된다.
- 발생빈도의 순서는 천연가스 < LPG < 제조가스 < 석탄가스 < 석유 < 코크스 < 석탄이다.

(3) 연소의 형태와 분류

① 고체연료의 연소형태(표면연소, 분해연소, 증발연소, 자기연소)
  ㉠ 표면연소 : 코우크스나 목탄 등이 고온으로 되면 그 표면이 빨간 짧은 불꽃을 내면서 연소되는데 휘발성분이 없는 고체연료의 연소형태이다. (예 숯, 목탄, 코크스 등)
  ㉡ 분해연소 : 목재, 석탄, 타르 등은 연소초기에 열분해에 의하여 가연성가스가 생성되고 이것이 긴 화염을 발생시키면서 연소하는데 이러한 연소를 분해연소라 한다.
  ㉢ 증발연소 : 융해 및 증발하기 쉬운 연료인 나프탈렌, 파라핀 등은 화염으로부터 열을 받으면 융해된 후 가연성 증기가 발생하여 연소가 되는데 이것을 증발연소라 한다.
  ㉣ 자기연소(내면연소) : 공기 중의 산소 공급 없이 그 물질의 분자 자체에 함유하고 있는 산소를 이용하여 연소하는 형태 (예 니트로셀룰로오스, 니트로글리세린, 트리니트로톨루엔 등)

② 액체연료의 연소형태(증발연소, 액면연소, 등심연소, 자기연소)
  ㉠ 증발연소 : 증발하기 쉬운 액체연료인 휘발유, 등유, 알코올, 벤젠 등은 화염으로부터 열을 받으면 가연성 증기가 발생하여 연소가 되는데 이것을 증발연소라 한다.

  > 💡 증발연소의 다른 두 형태
  > - 액면연소 : 등유나 경유와 같은 경질유가 화염으로부터 전달된 열이 연료표면에 가열되어 증발이 일어나며 발생한 연료 증기가 확산연소하는 것(증발연소와 차이점은 액면연소는 증발이 연료 표면에서만 현저하게 일어남)
  > - 등심연소 : 연료를 심지로 빨아올려 올라온 연료가 열에 의해 기화되어 공기중에 확산되며 연소되는 형태

  ㉡ 자기연소(내면연소) : 공기 중의 산소 공급 없이 그 물질의 분자 자체에 함유하고 있는 산소를 이용하여 연소하는 형태 (예 니트로셀룰로오스, 니트로글리세린, 트리니트로톨루엔 등)

③ 기체연료의 연소형태(확산연소, 예혼합연소, 부분예혼합연소)
  ㉠ 확산연소 : 연료가 공기 중에 확산되며 연소되는 형태
  ㉡ 예혼합연소 : 연소실로 투입되기 전 연료와 공기가 혼합된 후에 연소되는 형태
  ㉢ 부분예혼합연소 : 확산연소와 예혼합연소를 절충한 연소형태

(4) 완전연소의 조건

완전연소를 위해서는 3TO(Temperature, Time, Turbulence, Oxigen)가 충족되어야 한다.

① **Temperature(온도)** : 온도가 높을수록 완전연소에 유리하다.
② **Time** : 접촉시간(반응시간)이 길수록 완전연소에 유리하다.
③ **Turbulence** : 난류(혼합)이 활발할수록 완전연소에 유리하다.
④ **Oxigen** : 산소농도가 높을수록 완전연소에 유리하다.

2 연료의 종류 및 특성

(1) 고체연료의 장단점

장점	단점
• 연소성이 늦어 특수용도에 사용한다. • 저장, 운반이 용이하다. • 인화, 폭발의 위험성이 적다. • 연소 장치가 간단하다. • 가격이 저렴하다.	• 연소 시 매연 발생이 심하고 회분이 많다. • 부하 변동에 응답하기 어렵다. • 점화 및 소화가 힘들고 연소 관리가 어렵다. • 연소 시 재가 많고 대기오염이 심하다. • 사용 전에 건조 및 분쇄 등의 전처리가 필요하다.

(2) 액체연료의 장단점

장점	단점
• 품질이 균일하고 발열량이 높다. • 연소효율과 열효율이 높다. • 계량이 용이하다. • 회분, 분진의 생성량이 적다. • 점화, 소화 및 연소조절이 용이하다. • 운반, 저장이 용이하다.	• 연소 온도가 높아 국부적인 과열을 일으키기 쉽다. • 인화 및 역화의 위험이 크다. • 사용 버너의 종류에 따라 소음이 심하다. • 국내 생산이 안 되므로 가격이 비싸다. • 유황 함유량이 많아 황산화물 발생이 많다. (중유, 경유만 해당)

(3) 기체연료의 장단점

장점	단점
• 적은 과잉공기로 완전연소가 가능하다. • 연소효율이 높고 안정된 연소가 가능하다. • 점화, 소화가 용이하고 연소조절이 용이하다. • 연료의 예열이 쉽고, 저질 연료도 고온을 얻을 수 있다. • 회분이나 매연 발생이 없어 청결하다. • 발열량이 크다. • 대기오염도가 낮다.	• 취급시 위험성이 크다. (폭발위험) • 설비비가 많이 들고 가격이 비싸다. • 수송이나 저장이 불편하다.

(4) 폭발위험도 및 상한계와 하한계

① 폭발위험도 $(H) = \dfrac{(U-L)}{L}$ → 하한계가 낮을수록, 상한계가 높을수록 폭발범위가 넓어지므로 위험도는 높아진다.

• 상한치 : 폭발할 수 있는 상한 농도를 의미합니다. (예) 아세틸렌 상한치 15% : 공기 중 아세틸렌이 15% 까지만 폭발가능하고, 이상부터는 폭발이 어려움)

• 하한치 : 폭발할 수 있는 하한 농도를 의미합니다. (예) 아세틸렌 하한치 2% : 공기 중 아세틸렌이 2% 이하에서는 폭발할 수 없고, 2% 이상부터 폭발가능)

- 상한계(U) : $\dfrac{100}{UEL} = \dfrac{V_1}{U_1} + \dfrac{V_2}{U_2} + \cdots + \dfrac{V_n}{U_n}$

- 하한계(L) : $\dfrac{100}{LEL} = \dfrac{V_1}{L_1} + \dfrac{V_2}{L_2} + \cdots + \dfrac{V_n}{L_n}$

UNIT 02 연소계산 이해하기

1 이론산소량 및 이론공기량

① 가연분과 불연분
  ㉠ 가연분 : 탄소, 수소, 황, 산소(조연분)으로 구성된 연소가능한 물질 (예 C, H, S, O, CH_4, C_3H_8, H_2S, CO 등)
  ㉡ 불연분 : 연소가 완료되었거나 연소되지 않는 물질 (예 N, N_2, CO_2, SO_2, H_2O, 재)

② 이론산소량
  ㉠ 반응식 완성연습
    〈완성요령〉 먼저, 좌항과 우항의 계수를 맞추고, 마지막에 산소계수를 맞춘다.
    - C + O_2 → CO_2
    - H_2 + 0.5O_2 → H_2O
    - S + O_2 → SO_2
    - CH_4 + 2O_2 → CO_2 + 2H_2O
    - C_3H_8 + 5O_2 → 3CO_2 + 4H_2O
    - C_2H_5OH + 3O_2 → 2CO_2 + 3H_2O
    - H_2S + 1.5O_2 → H_2O + SO_2
    - C_xH_y + $\left(x+\dfrac{y}{4}\right)O_2$ → xCO_2 + $\dfrac{y}{2}H_2O$

  • 반응식으로 모든 성상의 연료의 연소계산은 산출된다.

    반응식 CH_4 + 2O_2 → CO_2 + 2H_2O
    1mol : 2mol : 1mol : 2mol
    16kg : 32kg : 44kg : 2×18kg
    22.4m^3 : 2×22.4m^3 : 22.4m^3 : 2×22.4m^3

    1mol의 메테인은 연소시 2mol의 산소를 필요로 하고, 1mol의 이산화탄소와 2mol의 물을 배출한다.

  • 고체, 액체연료의 이론산소량
    - $O_o = 1.867C + 5.6H + 0.7S - 0.7O\,(m^3/kg)$
    - $O_o = 2.667C + 8H + S - O\,(kg/kg)$

- 기체연료의 이론산소량
  - $O_o = \sum$ 각 기체연료 산소요구량

    기체연료의 이론산소량은 항상 반응식으로 산출된다.

③ **이론공기량**
- 이론공기량(부피)

$$\boxed{식}\ A_o = O_o \times \frac{1}{0.21}$$

- 이론공기량(무게)

$$\boxed{식}\ A_{om} = O_{om} \times \frac{1}{0.232}$$

2 공기비(m)

① **공기비의 의의** : 공기비란 실제공기량을 이론공기량으로 나눈 것으로 실제공기량의 투입비율을 알아봄으로써, 연소상태와 배출가스량을 예측할 수 있다.

$$\boxed{식}\ m = \frac{A}{A_o},\ A = mA_o$$

※ 등가비(ϕ) : (실제의 연료량/산화제)÷(완전연소를 위한 이상적 연료량/산화제)

$$\boxed{식}\ \phi = \frac{1}{m}$$

구분	연소상태	현상
$m > 1$	과잉공기연소	• SOx, NOx 배출량 증가 • 연소실 냉각 우려 → 저온부식 • 연소실 혼합 활발
$m = 1$	이론연소	연소실 온도 최대 → NOx 농도 최대
$m < 1$	불완전연소	• CO, HC, 매연, 검댕 발생량 증가 • 연소상태 불안정 • 연료 폭발 우려

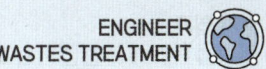

② **공기비 계산** : 공기비의 계산은 두 가지 방법으로 산출된다.
   ㉠ 실제공기량/이론공기량

   $$m = \frac{A}{A_o}$$

   ㉡ 배기가스 조성

   $$m = \frac{N_2}{N_2 - 3.76 O_2} \text{ (완전연소 시)}$$

   $$m = \frac{N_2}{N_2 - 3.76(O_2 - 0.5CO)} \text{ (불완전연소 시)}$$

   • N_2 : 배기가스 중 질소   • O_2 : 배기가스 중 산소   • CO : 배기가스 중 일산화탄소

3 연소가스 분석 및 농도산출

① **연소가스량 계산**
   ㉠ 연소가스 = 연소 후 배출가스
   ㉡ 반응식으로 연소가스량의 개념을 알아보자.

   반응식 $CH_4 + 2O_2 \rightarrow CO_2 + 2H_2O$ (산소로 연소 시)

   여기서, 배출되는 연소가스는 $CO_2 + 2H_2O$이다.

   반응식 $CH_4 + 2(O_2 + 3.76N_2) \rightarrow CO_2 + 2H_2O + 2\times3.76N_2$ (공기로 연소시)

   여기서, 배출되는 연소가스는 $CO_2 + 2H_2O + 2\times3.76N_2$이다.
   일반적인 연소는 공기를 이용하여 진행되므로, 연소계산에서 연소가스는 특별한 제시가 없을 경우 공기를 이용하여 연소하는 것으로 가정한다. 위의 연소가스계산을 식으로 나타내면 다음과 같다.

   $$G = (1 - 0.21)A_o + CO_2 + H_2O$$

   ㉢ 연소가스의 종류
   • God(이론 건조 연소가스 = 이론건조가스)

   $$God = (1 - 0.21)A_o + CO_2 + SO_2 + N_2 \, (m^3/kg)$$
   $$God = (1 - 0.232)A_{om} + CO_2 + SO_2 + N_2 \, (kg/kg)$$

   • Gow(이론 습윤 연소가스 = 이론습가스)

   $$Gow = (1 - 0.21)A_o + CO_2 + H_2O + SO_2 + N_2 \, (m^3/kg)$$
   $$Gow = (1 - 0.232)A_{om} + CO_2 + H_2O + SO_2 + N_2 \, (kg/kg)$$

- Gd(실제 건조 연소가스 = 건조가스)

$$Gd = (m - 0.21)A_o + CO_2 + SO_2 + N_2 (m^3/kg)$$
$$Gd = (m - 0.232)A_{om} + CO_2 + SO_2 + N_2 (kg/kg)$$

- Gw(실제 습윤 연소가스 = 연소가스)

$$G_w = (m - 0.21)A_o + CO_2 + H_2O + SO_2 + N_2 (m^3/kg)$$
$$G_w = (m - 0.232)A_{om} + CO_2 + H_2O + SO_2 + N_2 (kg/kg)$$

※ 여기서 H_2O = 수소발생 + 수분기화

② 농도산출

㉠ 먼지농도 : $X_{dust} = \dfrac{\text{먼지중량}(mg)}{\text{가스량}(m^3)}$

㉡ 수분량 : $X_{H_2O} = \dfrac{\text{수분량}}{\text{가스량}}$

※ 수증기 = 1.244W (W: 수분)

㉢ 아황산가스, 염소가스, 불소가스 등 : $X_C = \dfrac{\text{오염가스량}}{\text{가스량}}$

㉣ 최대탄산가스율 계산
- 연료분석치로 산출

$$CO_{2\max} = \dfrac{CO_2}{God} \times 100$$

- 배기가스분석치로 산출

$$CO_{2\max} = m \times (CO_2)$$

③ **공연비** : 공기와 연료의 비, 기준은 AFR 무게기준으로 한다.

- AFR(무게) = $\dfrac{\text{공기 무게}}{\text{연료 무게}} = \dfrac{\text{공기몰수} \times \text{공기분자량}}{\text{연료몰수} \times \text{연료분자량}}$

- AFR(부피) = $\dfrac{\text{공기 부피}}{\text{연료 부피}} = \dfrac{\text{공기몰수} \times 22.4}{\text{연료몰수} \times 22.4}$

④ **Rosin식** : 발열량을 이용한 공기량과 가스량 산출

㉠ 이론공기량(A_o)

- 고체연료 = $\dfrac{1.01Hl}{1,000} + 1.65$
- 액체연료 = $\dfrac{0.85Hl}{1,000} + 2$
- 기체연료 = $\dfrac{1.09Hl}{1,000} + 0.25$

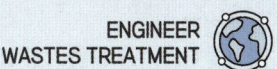

ⓒ 이론연소가스량(G_o)

- 고체연료 = $\dfrac{0.89Hl}{1,000} + 1.65$
- 액체연료 = $\dfrac{1.11Hl}{1,000}$
- 기체연료 = $\dfrac{1.14Hl}{1,000} + 0.25$

4 발열량과 연소온도

① 고위발열량과 저위발열량

ⓐ Dulong 식(습윤발열량 기준)

- 고위발열량 : 열량계로 측정한 열량

  식 $Hh = 8100C + 34,000\left(H - \dfrac{O}{8}\right) + 2500S$

- 저위발열량(진발열량) : 고위발열량 − 물의 증발잠열

  식 $Hl = Hh - $ 물의 증발잠열 $= Hh - 600(9H + W)$

- 건조발열량(가연분기준 건조발열량)

  식 $Hh = Hd(건조발열량) \times \dfrac{(100 - W(수분함량, \%))}{100}$

ⓑ 추정식에 의한 방법(저위발열량 산출)

  식 $Hl = 4500(VS)$
  식 $Hl = 4500(VS) - 600(W)$
  식 $Hl = 44.75(VS) - 5.85(W) + 21.2$

ⓒ 생성과 반응을 이용한 발열량 산출

  식 발열량 = 생성열량 − 반응열량

② 연소실 열발생율 및 연소온도

ⓐ 열효율 = $\dfrac{유효열량}{공급열량} \times 100$

ⓑ 연소효율 = $\dfrac{실제연소열량}{이론연소열량} = \dfrac{이론연소열량 - 손실열량}{이론연소열량}$

ⓒ 연소실 열부하 = $\dfrac{발열량 \times 연료투입량}{연소실 용적}$

ⓓ 화격자 연소율 = $\dfrac{연료투입량}{화격자 면적}$

㉥ 이론연소온도
- 연소온도 : 연료가 연소하고 있는 온도, 연소에 의해 발생한 열량에서 외부로의 열전달량을 빼고, 그것을 연소 생성물의 비열로 나눈 것에 상온을 더한 것

$$\boxed{식}\ t_o = \frac{Hl}{G \cdot C_p} + t$$

- t_o : 이론연소온도(℃)   • Hl : 저위발열량(kcal/kg)   • G : 배기가스량   • C_p : 비열   • t : 기준온도(예열온도)

UNIT 01~02 연소이론 파악 및 연소계산 이해하기

01. 탄소 83%, 수소 12%, 산소 3%, 황 2%를 함유하는 중유 1kg 연소에 필요한 이론산소량(Sm^3/kg) 및 이론공기량(Sm^3/kg), 실제공기량(Sm^3/kg)을 계산하시오. (단, 공기비(m)는 1.3이다.)

(1) 이론산소량(Sm^3/kg)

(2) 이론공기량(Sm^3/kg)

(3) 실제공기량(Sm^3/kg)

해설 (1) 이론산소량(Sm^3/kg)

  식 $O_o(m^3/kg) = 1.867C + 5.6H + 0.7S - 0.7O$

  ∴ $O_o = 1.867 \times 0.83 + 5.6 \times 0.12 + 0.7 \times 0.02 - 0.7 \times 0.03$

   $= 2.21 m^3/kg$

  정답 $2.21 Sm^3/kg$

(2) 이론공기량(Sm^3/kg)

  식 $A_o = O_o \times \dfrac{1}{0.21}$

  ∴ $A_o = 2.21 \times \dfrac{1}{0.21} = 10.5238 ≒ 10.52 m^3/kg$

  정답 $10.52 m^3/kg$

(3) 실제공기량(Sm^3/kg)

  식 $A = mA_o$

  ∴ $A = 1.3 \times 10.52 = 13.68 m^3/kg$

  정답 $13.68 m^3/kg$

02. 유기물 $C_{60}H_{93}ON$ 1ton을 호기성으로 분해할 때 필요한 산소량(Sm^3)을 계산하시오.

해설 **반응식** $C_{60}H_{93}ON + 82O_2 \rightarrow 60CO_2 + 45H_2O + NH_3$

   $843 kg : 82 \times 22.4 m^3$

   $1 ton \times \dfrac{10^3 kg}{1 ton} : X$, ∴ $X = 2,178.88 m^3$

  정답 $2,178.88 m^3$

03. 공기를 이용하여 CO를 완전연소 하는 경우 건조가스 중 CO_{2max}(%)를 구하시오.

> **해설** 식 $CO_{2max}(\%) = \dfrac{CO_2}{G_{od}} \times 100(\%)$
>
> 반응식 $CO + 0.5O_2 \rightarrow CO_2$
> $\qquad\quad 1 \ : \ 0.5 \ : \ 1$
>
> • $A_o = 0.5 \times \dfrac{1}{0.21} = 2.3809 \, m^3/m^3$
>
> • $G_{od} = (1-0.21) \times 2.3809 + 1 = 2.8809 \, m^3/m^3$
>
> ∴ $CO_{2max}(\%) = \dfrac{1}{2.8809} \times 100(\%) = 34.71\%$
>
> **정답** 34.71%

04. 이론공기량을 사용하여 프로판(C_3H_8) $1Nm^3$를 완전 연소시킬 때 CO_{2max}(%)는?

> **해설** 식 $CO_{2max}(\%) = \dfrac{CO_2}{G_{od}} \times 100(\%)$
>
> 반응식 $C_3H_8 + 5O_2 \rightarrow 3CO_2 + 4H_2O$
> $\qquad\quad 1 \ : \ 5 \ \rightarrow \ 3 \ : \ 4$
> $\qquad\quad 1m^3 : 5m^3 \rightarrow 3m^3 : 4m^3$
>
> • $O_o = 5 \, m^3/m^3$
>
> • $A_o = O_o \times \dfrac{1}{0.21} = 5 \times \dfrac{1}{0.21} = 23.8095 \, m^3/m^3$
>
> • $G_{od} = (1-0.21) \times 23.8095 + 3 = 21.8095 \, m^3/m^3$
>
> ∴ $CO_{2max}(\%) = \dfrac{3}{21.8095} \times 100(\%) = 13.7554 ≒ 13.76\%$
>
> **정답** 13.76%

05. 부탄 $1Sm^3$의 연소에 필요한 이론공기량(Sm^3)은?

> **해설** 식 $C_4H_{10} + 6.5O_2 \rightarrow 4CO_2 + 5H_2O$
> $\qquad\quad 1 \ : \ 6.5 \ \rightarrow \ 3 \ : \ 5$
> $\qquad\quad 1m^3 : 6.5m^3 \rightarrow 4m^3 : 5m^3$
>
> • $O_o = 6.5 \, m^3/m^3$
>
> ∴ $A_o = O_o \times \dfrac{1}{0.21} = 6.5 \times \dfrac{1}{0.21} = 30.9523 ≒ 30.95 \, m^3/m^3$
>
> **정답** $30.95 \, m^3/m^3$

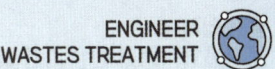

06. 일산화탄소 5kg 완전연소 시 이론공기량(질량기준)을 화학양론적으로 구하시오. (단, 공기 중 산소량은 중량으로 23.15%)

해설 식 $A_{om} = O_{om} \times \dfrac{1}{0.2315}$

반응식 $CO + 0.5O_2 \rightarrow CO_2$
   28kg : 0.5×32kg
   5kg : Xkg,   X = 2.8571kg

∴ $A_{om} = 2.8571 \times \dfrac{1}{0.2315} = 12.34$ kg

정답 12.34kg

07. 탄소, 수소 및 황의 중량비가 83%, 14%, 3%인 폐유 300kg/hr을 소각시키는 경우 배기가스의 분석치가 CO_2 12.5%, O_2 3.5%, N_2 84%이었다면 매시 필요한 실제공기량(Sm^3/hr)을 계산하시오.

해설 식 $A = mA_oG$

- $m = \dfrac{21}{21-O_2} = \dfrac{21}{21-3.5} = 1.2$
- $A_o = O_o \times \dfrac{1}{0.21} = 2.3546 \times \dfrac{1}{0.21} = 11.2123 m^3/kg$
- $O_o = 1.867C + 5.6H - 0.7O + 0.7S$
   $O_o = 1.867 \times 0.83 + 5.6 \times 0.14 + 0.7 \times 0.03 = 2.3546 m^3/kg$
- G(연료주입량) = $300 kg/hr$

∴ $A = 1.2 \times 11.2123 \times 300 = 4,036.43 m^3/kg$

정답 4,036.43Sm^3/hr

08. 다음 조성의 폐기물의 습량기준 단위 무게 당 고위발열량(kcal/kg)을 Dulong 식을 이용하여 구하시오.

폐기물 분석조정
C=30%, H=20%, O=10%, S=5%, 수분=25%, 불연소율=10%

해설 식 $Hh = 8,100C + 34,000\left(H - \dfrac{O}{8}\right) + 2,500S$

∴ $Hh = 8,100 \times 0.3 + 34,000 \times \left(0.2 - \dfrac{0.1}{8}\right) + 2,500 \times 0.05$

 $= 8930 kcal/kg$

정답 8,930kcal/kg

09. 어느 지역의 조성식을 살펴보니 $C_{30}H_{66}O_{12}H_2S \cdot 150H_2O$이다. 이 쓰레기의 저위발열량(kcal/kg)을 Dulong식으로 산정하여라.

[해설]

[식] $Hl = Hh - 600(9H + W)$

[식] $Hh = 8,100C + 34,000\left(H - \dfrac{O}{8}\right) + 2,500S$

- $MW(분자량) = 3,352$
- $Hh = 8,100 \times \dfrac{12 \times 30}{3,352} + 34,000 \times \left(\dfrac{1 \times 68}{3,352} - \dfrac{(16 \times 12)/3,352}{8}\right) + 2,500 \times \dfrac{32}{3,352}$

  $= 1,340.0954 \, kcal/kg$

(소수점 넷째자리 마다 끊어서 계산, 계산기로 한 번에 계산한 값과 근사한 차이가 있을 수 있으나 모두 답으로 인정)

$\therefore Hl = 1340.0954 - 600 \times \left(9 \times \dfrac{68}{3,352} + \dfrac{150 \times 18}{3,352}\right)$

$= 747.26 \, kcal/kg$

[정답] 747.26kcal/kg

---

10. 분자식이 C_xH_y인 탄화수소 $1Sm^3$을 완전연소하는데 필요한 이론공기량(Sm^3)을 계산하시오.

[해설]

[식] $C_xH_y + \left(x + \dfrac{y}{4}\right)O_2 \rightarrow xCO_2 + \dfrac{y}{2}H_2O$

$\qquad 1 : \left(x + \dfrac{y}{4}\right)$

- $O_o = \left(x + \dfrac{y}{4}\right) m^3$
- $A_o = O_o \times \dfrac{1}{0.21} = \left(x + \dfrac{y}{4}\right) \times \dfrac{1}{0.21} = (4.76x + 1.19y) \, m^3/m^3$

[정답] $(4.76x + 1.19y) m^3/m^3$

---

11. 수소 5kg을 완전연소하는데 소요되는 이론공기량(Nm^3)은?

[해설]

[식] $A_o = O_o \times \dfrac{1}{0.21}$

[반응식] $H_2 + 0.5O_2 \rightarrow H_2O$

$\qquad 2kg : 11.2m^3$

$\qquad 5kg : X m^3, \qquad O_o = 28 m^3$

$\therefore A_o = 28 \times \dfrac{1}{0.21} = 133.33 m^3$

[정답] $133 Nm^3$

12. 옥탄 1mol을 완전연소시켰을 때 다음 물음에 답하시오.

(1) 완전연소 반응식을 서술하시오.

(2) AFR의 부피기준으로 계산하시오.

(3) AFR을 질량기준으로 계산하시오. (단, 공기의 분자량은 28.95)

해설 (1) 완전연소 반응식을 서술하시오.
  반응식 $C_8H_{18} + 12.5O_2 \rightarrow 8CO_2 + 9H_2O$

(2) AFR의 부피기준으로 계산하시오.
  식 $AFR_v = \dfrac{공기\,mol수 \times 22.4}{연료\,mol수 \times 22.4}$

  - 공기 mol수 $= 12.5 \times \dfrac{1}{0.21} = 59.5238\,mol$
  - 연료 mol수 $= 1\,mol$

  $\therefore AFR_v = \dfrac{59.5238 \times 22.4}{1 \times 22.4} = 59.52$

  정답 59.52

(3) AFR을 질량기준으로 계산하시오. (단, 공기의 분자량은 28.95)
  식 $AFR_m = \dfrac{공기\,mol수 \times 공기\,분자량}{연료\,mol수 \times 연료\,분자량}$

  - 공기분자량 $= 28.95$
  - 연료분자량 $= 114$

  $\therefore AFR_m = \dfrac{59.5238 \times 28.95}{1 \times 114} = 15.12$

  정답 15.12

13. 도시폐기물을 분석한 결과 조성이 다음 표와 같았다. 이때 가연분건조고위발열량, 습윤고위발열량을 각각 kcal/kg을 Dulong 공식을 이용하여 계산하시오.

가연분						수분	회분
C	H	O	N	S	Cl	65%	나머지 %
11.7%	1.8%	8.8%	0.4%	0.1%	0.2%		

(1) 습윤고위발열량

(2) 가연분건조고위발열량

해설 (1) 습윤고위발열량

식 $Hh = 8{,}100C + 34{,}000 \times \left(H - \dfrac{O}{8}\right) + 2{,}500S$

∴ $Hh = 8{,}100 \times 0.117 + 34{,}000 \times \left(0.018 - \dfrac{0.088}{8}\right) + 2{,}500 \times 0.001 = 1188.2\, kcal/kg$

정답 1,188.2 kcal/kg

(2) 가연분건조고위발열량

식 $Hh(\text{습량기준}) = Hd(\text{건조기준}) \times \dfrac{(100-W)}{100} \rightarrow Hd = Hh \times \dfrac{100}{(100-W)}$

식 $Hh = 8{,}100C + 34{,}000 \times \left(H - \dfrac{O}{8}\right) + 2{,}500S$

$Hh = 8{,}100 \times 0.117 + 34{,}000 \times \left(0.018 - \dfrac{0.088}{8}\right) + 2{,}500 \times 0.001 = 1188.2\, kcal/kg$

∴ $Hd = 1188.2 \times \dfrac{100}{(100-65)} = 3{,}394.86\, kcal/kg$

정답 3,394.86 kcal/kg

14. 탄소 10kg을 연소시키는데 필요한 이론공기량(kg)을 구하시오.

해설 **식** $A_o = O_o(kg) \times \dfrac{1(kg)}{0.232(kg)}$

반응식 $C + O_2 \rightarrow CO_2$

12kg : 32kg

10kg : Xkg, X = 26.6666kg

∴ $A_o = 26.6666 \times \dfrac{1}{0.232} = 114.9396 \fallingdotseq 114.94\, kg$

정답 114.94 kg

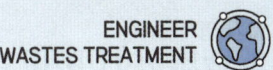

15. 저위발열량 추정식에 의한 방법 3가지의 추정식 하나씩을 서술하시오.

> [해설] ① $Hl = 4500(VS)$
> ② $Hl = 4500(VS) - 600(W)$
> ③ $Hl = 44.75(VS) - 5.85(W) + 21.2$

16. 수소 1kg을 완전연소하는데 필요한 산소량은 탄소 1kg을 연소하는데 필요한 양론적 산소량(m³)의 몇 배가 되는가?

> [해설] [반응식] $H_2 + 0.5O_2 \rightarrow H_2O$
>   2kg : 11.2m³
>   1kg : X_1, $X_1 = 5.6m^3$
> [반응식] $C + O_2 \rightarrow CO_2$
>   12kg : 22.4m³
>   1kg : X_2 $X_2 = 1.8666m^3$
> $\therefore \dfrac{X_1}{X_2} = \dfrac{5.6}{1.8666} = 3$
>
> [정답] 3배

17. 탄소 84%, 수소 13.0%, 황 2.0%, 질소 1.0% 조성을 가지는 중유를 1kg 당 15Sm³의 공기로 완전연소할 경우 습배출가스 중의 황산화물의 부피농도(ppm)는? (단, 표준상태 기준)

> [해설] [식] $X_{SO_2} = \dfrac{SO_2}{G_w} \times 10^6$
>
> • $G_w = (m - 0.21)A_o + CO_2 + H_2O + SO_2$
> $= (1.3634 - 0.21) \times 11.0013 + 1.5682 + 1.456 + 0.014 + 8 \times 10^{-3} = 15.7350 m^3/kg$
> • $A_o = \dfrac{1}{0.21}(1.867 \times 0.84 + 5.6 \times 0.13 + 0.7 \times 0.02) = 11.0013 m^3/kg$
> • $m = \dfrac{A}{A_o} = \dfrac{15}{11.0013} = 1.3634$
>
> $\therefore X_{SO_2}(ppm) = \dfrac{0.014}{15.7350} \times 10^6 = 889.74 ppm$
>
> [정답] 889.74ppm

18. 다음 조성의 RDF 1ton 소각 시 발생하는 이론습연소가스의 무게(ton) 및 실제습연소가스의 무게(ton)를 계산하시오.

> • 공기비(m) = 1.6
> • 조성(%) : C = 40, H = 10, O = 20, S = 5, N = 5, 수분 = 10, ash = 10

(1) 이론습연소가스의 무게(ton/ton)

(2) 실제습연소가스의 무게(ton/ton)

해설 (1) 이론습연소가스의 무게(ton/ton)

식 $G_{ow}(ton/ton) = (1-0.232)A_{om} + CO_2 + H_2O + SO_2 + W + N_2$

- $A_{om} = O_{om} \times \dfrac{1}{0.232} = \dfrac{(2.667 \times 0.4 + 8 \times 0.1 - 0.2 + 0.05)}{0.232} = 7.4\,ton/ton$

- $CO_2 = \dfrac{44}{12} \times 0.4 = 1.4666\,ton/ton$

- $H_2O = \dfrac{18}{2} \times 0.1 + 0.1 = 1\,ton/ton$

- $SO_2 = \dfrac{64}{32} \times 0.05 = 0.1\,ton/ton$

- $W = \dfrac{18}{18} \times 0.1 = 0.1\,ton/ton$

- $N_2 = 0.05\,ton/ton$

∴ $G_{ow}(ton/ton) = (1-0.232) \times 7.4 + 1.4666 + 0.9 + 0.1 + 0.1 + 0.05 = 8.30\,ton/ton$

(2) 실제습연소가스의 무게(ton/ton)

식 $G_w(ton/ton) = (m-0.232)A_{om} + CO_2 + H_2O + SO_2 + W + N_2$

- $m = 1.6$

- $A_{om} = O_{om} \times \dfrac{1}{0.232} = \dfrac{(2.667 \times 0.4 + 8 \times 0.1 - 0.2 + 0.05)}{0.232} = 7.4\,ton/ton$

- $CO_2 = \dfrac{44}{12} \times 0.4 = 1.4666\,ton/ton$

- $H_2O = \dfrac{18}{2} \times 0.1 = 0.9\,ton/ton$

- $SO_2 = \dfrac{64}{32} \times 0.05 = 0.1\,ton/ton$

- $W = \dfrac{18}{18} \times 0.1 = 0.1\,ton/ton$

- $N_2 = 0.05\,ton/ton$

∴ $G_w(ton/ton) = (1.6-0.232) \times 7.4 + 1.4666 + 0.9 + 0.1 + 0.1 + 0.05 = 12.74\,ton/ton$

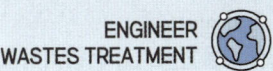

19. 수소 1몰을 다음과 같이 반응시킬 때 필요한 공기량(Sm^3)을 계산하시오.

반응식 $H_2 + \dfrac{1}{2}O_2 \rightarrow H_2O + N_2$

해설 반응식 $H_2 + \dfrac{1}{2}O_2 \rightarrow H_2O + N_2$

　　　1mol : 0.5×22.4L

・$O_o = 11.2L$

・$A_o = 11.2 \times \dfrac{1}{0.21} = 53.3333L ≒ 0.053m^3$

정답 $0.053Sm^3$

20. 연소온도의 정의를 쓰고 이론연소온도를 구하는 식을 쓰시오.

(1) 연소온도

(2) 이론연소온도

해설 (1) 연소온도 : 연료가 연소하고 있는 온도, 연소에 의해 발생한 열량에서 외부로의 열전달량을 빼고, 그것을 연소 생성물의 비열로 나눈 것에 상온을 더한 것

(2) 이론연소온도

식 $t_o = \dfrac{Hl}{G \cdot C_p} + t$

・t_o : 이론연소온도(℃)
・Hl : 저위발열량(kcal/kg)
・G : 배기가스량
・C_p : 비열
・t : 기준온도(예열온도)

21. 폐기물의 조성을 분석한 결과 고형물 60%(C : 23%, H : 14%, O : 17%, S : 5%, N : 1%), 수분 30%, 회분 10%이었다. 폐기물을 연소시킬 때 필요한 이론공기량을 무게와 부피기준으로 계산하시오.

(1) 무게기준

(2) 부피기준

해설 (1) 무게기준

식 $A_{om} = O_{om} \times \dfrac{1}{0.232}$

- $O_{om}(kg/kg) = 2.667C + 8H + S - O = 2.667 \times 0.23 + 8 \times 0.14 + 0.05 - 0.17 = 1.6134 kg/kg$

∴ $A_{om} = 1.6134 \times \dfrac{1}{0.232} = 6.9543 ≒ 6.95 kg/kg$

정답 6.95kg/kg

(2) 부피기준

식 $A_o = O_o \times \dfrac{1}{0.21}$

- $O_o(m^3/kg) = 1.867C + 5.6H + 0.7S - 0.7O = 1.867 \times 0.23 + 5.6 \times 0.14 + 0.7 \times 0.05 - 0.7 \times 0.17 = 1.1294 m^3/kg$

∴ $A_o = 1.1294 \times \dfrac{1}{0.21} = 5.38 m^3/kg$

정답 5.38m³/kg

22. 어떤 연료의 이론공기량이 10kg이라면 질소의 무게(kg)는?

해설 **식** $A_o(kg) = O_o(kg) + N_2(kg)$

$A_o(kg) = O_o(kg) \times \dfrac{1}{0.232}$

$10(kg) = O_o(kg) \times \dfrac{1}{0.232}$, $O_o(kg) = 2.32 kg$

$10(kg) = 2.32(kg) + N_2(kg)$

∴ $N_2(kg) = 7.68 kg$

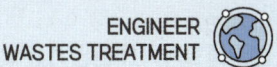

23. 고체, 액체 및 기체연료에 대한 연소의 종류를 2가지씩 쓰시오.

해설 ① 고체연료 : 분해연소, 표면연소, 자기연소, 증발연소
② 액체연료 : 증발연소, 분해연소, 분무연소, 등심연소, 액면연소
③ 기체연료 : 확산연소, 예혼합연소, 부분예혼합연소

24. 분해연소란 무엇인지 간단히 서술하시오.

해설 분해연소 : 연소초기에 열분해에 의하여 가연성가스가 생성되고 이것이 긴 화염을 발생시키면서 연소하는데 이러한 연소를 분해연소라 한다. 대부분의 고체연료의 연소형태이며, 대표적인 분해연소 연료로는 목재, 석탄, 타르가 있다.

25. 연소에서 등가비라는 개념이 있다. 이 등가비(Φ)가 1과 같을 때, 1보다 큰 경우, 1보다 작은 경우는 각각 어떤 상태를 나타내는지 기술하시오.

(1) 등가비(Φ) = 1

(2) 등가비(Φ) > 1

(3) 등가비(Φ) < 1

해설 (1) 등가비(Φ) = 1 : 공기와 연료가 이상적으로 혼합하여 연소된다.
(2) 등가비(Φ) > 1 : 연료가 과잉으로 공급된다.
(3) 등가비(Φ) < 1 : 공기가 과잉으로 공급된다.

26. 폐기물의 발열량이 2,500kcal/kg이고, 불완전연소에 의한 열손실이 10%, 연소재에 의한 열손실이 5%라 하면 열효율(%)은 얼마인가?

해설 **식** 열효율$(\eta, \%) = \dfrac{\text{유효출열}}{\text{총 입열}} \times 100$

- 총 입열 = 2,500kcal/kg
- 유효출열 = 이론열량 − 손실열량
  = 2,500 − 2,500 × (0.1 + 0.05) = 2,125kcal/kg

∴ $\eta = \dfrac{2,125}{2,500} \times 100 = 85\%$

정답 85%

27. 공기비의 정의에 대하여 설명하시오.

해설 공기비는 실제공기량과 이론공기량의 비로 연소를 위한 공기가 충분한지 부족한지를 나타내주는 지표이다. 공기비가 1보다 큰 경우 과잉공기로 연소, 1인 경우 이론공기로 연소, 1보다 작은 경우 부족공기로 연소된다.

식 $m = \dfrac{A}{A_o}$

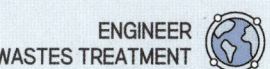

UNIT 03 연소장치 및 연소방법

1 고체연료의 연소장치 및 연소방법

① **화격자 연소장치(고정식/stoker식)** : 격자모양의 화판에 폐기물을 이송하여 연소하는 방식으로 기능에 따라 건조, 연소(주연소), 후연소 화격자로 구성된다. → Like 석쇠!

장점	단점
• 대량 소각 가능 • 수분이 많거나 발열량이 낮은 것도 처리 가능 • 운전경험에 따른 풍부한 데이터가 있음	• 수분이 너무 많으면 흘러내림 • 플라스틱류 등은 Grate를 막거나 손상, 고장의 원인 • 로 내 온도가 높을 경우 클링커 발생 • 교반력이 약함 • 과잉공기투입량이 많음

㉠ 계단식 화격자 : 가동 화격자와 고정 화격자가 서로 계단식으로 배열되어 있고 가동 화격자가 전후 방향으로 왕복 운동함으로써 폐기물을 다음 계단으로 이송, 교반, 반전시킨다.

㉡ 병렬계단식 화격자
  • 한 줄의 화격자가 계단상으로 되어 있고 고정 화격자와 가동 화격자가 종렬로 교대로 조합되어 설치되어 있다.
  • 가동 화격자가 경사의 위쪽과 아래쪽으로 왕복운동 하면서 쓰레기의 이송, 교반, 반전을 수행한다.
  • 화격자만으로 교반이 충분치 않을 경우 고정 화격자에 고정되어 상하 운동하면서 폐기물 덩어리를 파쇄하는 부채형 Cutter를 설치한 것도 있다.
  • 비교적 강한 교반력과 이송력을 갖고 있으며, 냉각작용이 부족하다.

㉢ 역동식 화격자 : 고정 화격자와 가동 화격자의 방향이 계단식과 반대로 위쪽을 향하도록 하여 폐기물을 밑에서 위로 밀어 올리면서 이송, 교반, 반전시키는 장치이다. 체류시간을 보다 길게 유지할 수 있다. 소각효율이 좋지만, 교반이 많아 화격자 마모가 심하다.

㉣ 회전 로울러식 화격자 : 1.5m의 원통으로 된 회전 화격자가 약 30°의 각도로 6~7기가 병렬로 배치되어 회전 화격자의 회전으로 위에서 아래쪽으로 이송, 교반, 반전을 수행한다. 양질쓰레기의 소각에 적합하다.

㉤ 이상식 화격자(무한궤도형) : 무한궤도형의 이송 화격자만으로 구성되어 각 화격자 사이에 높이 차이를 두어 연소한다. 교반, 반전시키는 별도의 기능이 없지만, 원활한 교반이 필요할 경우 교반장치를 부착하여 교반 기능을 부여할 수 있고, 내구성이 우수하다.

㉥ 부채형 화격자(반전식) : 여러 개의 부채형 화격자를 로 폭 방향으로 병렬로 조합, 한 조의 화격자를 형성하며 화격자의 90° 반전 왕복운동에 의하여 폐기물을 반전시키면서 앞으로 밀어주는 형식의 스토커로서 편심 캠에 의한 역 주행 Grate로 구성되어 있다.
  • 부채형 화격자가 수평에서 수직 방향으로 교대로 왕복하여 다음 계단으로 폐기물을 이송, 교반, 반전시킨다.
  • 교반력이 커서 저질쓰레기의 소각에 적당하다.

> 💡 **열기류의 흐름에 따른 연소장치의 구분**
>
> - 상향연소방식(향류식) : 연소가스의 흐름과 폐기물의 흐름이 서로 반대인 향류접촉의 형태, 저질쓰레기의 연소시 채택(발열량 낮고, 수분함량 높은 폐기물)
> - 하향연소방식(병류식) : 연소가스의 흐름과 폐기물의 흐름이 서로 같은 병류접촉의 형태, 고질쓰레기의 연소시 채택(발열량 높고, 휘발분 많고, 수분함량 낮은 폐기물)
> - 중간류식(교류식) : 연소가스의 배출이 중간부에서 배출되는 향류식과 병류식의 중간적인 형태, 투입쓰레기의 성상의 변동이 심한 경우 채택
> - 2회류식 : 댐퍼(damper)를 이용하여 상부와 하부에서 모두 연소가스가 배출되는 향류식과 병류식의 특성을 모두 겸비한 형태

> 💡 **투입방식에 따른 연소장치의 구분**
>
> - 상부 투입방식 : 연료(폐기물)이 상부에서 투입되는 방식으로 연료가 투입되는 방향과 공기의 방향이 향류로 교차되는 형태이다.
>
>   〈구성〉 연료층(최상층) → 건류층 → 환원층 → 산화층 → 회층 → 화격자(최하층)
>
> - 하부 투입방식 : 투입되는 연료와 공기의 방향이 같은 방향으로 이동하는 형태이다. 착화면과 공기의 이동방향이 반대이며 공기량에 따라 민감하게 연소상태가 변경될 수 있다.
>
>   〈구성〉 환원층 → 산화층 → 건류층 → 연료층 → 화격자

② **미분탄 연소장치**
- 석탄을 분쇄하여 체로 걸러서 만든 미분탄을 분사방식으로 연소하는 방식
- 대형소각시설에 적합하며, 부대설비가 필요하다.

장점	단점
• 석탄연소보다 연소효율이 좋음 • 적은 과잉공기로 연소가능 • 균일한 연료로 전환 • 클링커 발생이 없음	• 대형시설에서만 사용가능(소형, 중형 사용불가) • 분진발생이 많아 집진설비 필요

③ **유동층 연소장치**
- 강철판의 내면에 내화재를 내장한 로체 내에서 유동매체인 모래를 충진하고 바닥에 산기관 또는 산기판이 설치되어 있다.
- 산기관 등에서 공급되는 연소용 공기에 의하여 모래가 유동상태를 유지하도록 구성되어 있다.
- 미리 유동화 상태에 있는 로체 상부로 파쇄 쓰레기를 투입, 쓰레기와 열 매체인 모래가 혼합되면서 건조로부터 후 연소에 이르기까지 유동상태에서 진행된다.
- 연소 잔사는 연소로 바닥으로부터 모래매체와 같이 배출되며 screen에 의하여 분리되어 다시 로 내에 주입된다.
- 유동층 내의 온도는 일반적으로 700~800℃에서 조작된다. → Like 로또추첨박스!

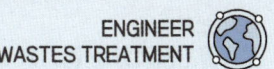

장점	단점
• 구동부분이 적어 고장이 적음 • 수분이 많은 슬러지류 등 다양한 성상의 폐기물 소각이 가능 • 로 내에서 산성가스의 제거가 가능(SO_x, NO_x 등) • 유동 매체의 축열량이 많아 정지 후 가동이 빠름 • 과잉공기율이 적어 보조연료 사용량과 배출 가스량이 적음 • 연소시간이 짧고 미연분이 적어 연소효율이 좋음 • 교반력이 좋아 클링커가 발생하지 않음	• 유동매체를 공급해야 하고 폐기물을 파쇄해야 함 • 분진 발생률이 높음 • 운전기술이 요구되며 정비 시 냉각시간이 필요 • 압력손실이 높음 • 부하변동에 따른 대응성이 낮음

> 💡 **유동매체(유동사) 구비조건**
> • 비중이 작을 것
> • 입도분포가 균일할 것
> • 불활성일 것
> • 열충격에 강하고 융점이 높을 것

④ **로터리 킬른** : 내면에 내화물을 부착한 원통형 로체를 3~5°의 구배로 설치하고 하부에 roller를 설치하여 천천히 회전시키면서 윗부분에 투입된 쓰레기를 반전, 교반하여 건조, 착화, 연소시키면서 하단부로 이송하여 재를 배출시킨다. → Like 출발드림팀 원통장애물!

장점	단점
• 건조효과가 좋아 착화, 연소가 쉽고 구조가 간단하고 취급이 용이 • 수분이 많은 폐기물, 다양한 종류의 슬러지 소각에 적합 • 파쇄처리가 불필요함 • 동력비가 적게 소요됨 • 소각재를 소결²)시킬 수 있음 • 습식가스 세정시스템과 함께 사용가능	• 점착성 물질이나 얽히기 쉬운 섬유상 물질은 연소가 어려움 • 부지가 넓게 소요됨 • 압력손실이 높음 • 연소효율이 낮아 2차연소실이 필요함

⑤ **상 연소장치**

㉠ **다단식(상) 연소장치** : 6~8단으로 나뉘어져 있는 수평 고정상으로서 상부에서 공급된 폐기물은 회전축과 Arm에 의하여 긁어 하단부로 떨어뜨림으로써 건조, 연소, 후연소, 냉각과정이 진행된다.
- 점착성이 높은 폐기물은 점착 방지제(톱밥, 모래) 등을 혼합하여 교반 가능하도록 하여 소각한다.
- 함수율이 높고 저열량인 소가물에 적합하고 유기성 오니 처리에 많이 사용되고 있다.

장점	단점
• 균등하게 건조시킬 수 있고 국부연소를 피할 수 있어 클링커 생성 방지에 유효 • 열 전달이 유효하게 이루어져 열효율이 좋음 • 파쇄처리가 불필요함 • 동력이 적게 소요되고 분진발생이 적음 • 화격자에서 연소하기 어려운 입자상물질이나 슬러지류의 처리가 가능함(수분이 많은 슬러지에 특히 유효)	• 섬유상 고형 폐기물은 Arm의 틈에 끼어 고장을 발생시킬 수 있음 • 가동부분이 많아 고장이 많고, 다른 설비에 비해 유지보수가 어려움 • 고열층이 높으므로 가동하는데 상당한 시간이 요함 • 여러 종류의 폐기물을 동시에 소각하기 곤란함 • 산성가스 발생폐기물에 부적합 • 온도반응이 더뎌서 보조연료 사용조절이 어려움

---

2) 소결 : 가루 또는 가루를 어떤 형상으로 압축한 것을 녹는점 이하의 온도로 가열하였을 때, 가루가 녹으면서 서로 밀착하여 고결되는 현상

⸧ 회전로상 연소장치 : 회전하는 원판형태의 상에서 폐기물이 이동하며 연소되는 형태
⸨ 고정상 연소장치 : 고정된 상에서 폐기물이 연소되는 형태로 화상이 수평으로 상부, 하부로 배치되는 형태와 화상이 경사지게 배치되는 형태가 있다. 주로 발열량이 높은 폐기물의 연소에 적합하다.

2 액체연료의 연소장치 및 연소방법

① **기화 연소방식** : 연료를 고온의 물체에 접촉 또는 충돌시켜 액체를 가연성 증기로 변환시킨 후 연소시키는 방식으로 경질유의 연소는 주로 이 방식에 속한다.
  ⸧ 심지식 : 심지의 모세관 현상에 의하여 증발연소시키는 방식으로 그을음과 악취가 발생한다.
  ⸨ 포트식 : 기름을 접시 모양의 용기에 넣어 점화하면 연소열로 인하여 액면이 가열되어 발생되는 증기가 외부에서 공급되는 공기와 혼합연소하는 방식
  ⸩ 증발식 : 등유, 경유, 디젤유 등과 같은 경질유 연소에 적합한 방식으로 연소실 내의 방사열에 의하여 기화한 가연성 증기로 공급된 연소율 공기와 혼합하여 연소된다.

② **분무화 연소방식**
  ⸧ 유압 분무화식 : 연료 자체에 압력을 가하여 노즐에서 고속 분사시켜 분무화하는 방식이다. 연료유의 점도가 크면 분무화가 곤란하다.
    ※ 연료유의 점도를 낮추기 위하여 연료유는 85±5°C에서 예열 후 사용한다.
    〈특징〉
    - 구조가 간단하여 유지 및 보수가 용이
    - 대용량 버너 제작이 용이
    - 분무각도가 40~90°로 크다.
    - 유량 조절 범위가 좁아 부하변동에 적응하기 어렵다. (환류식 1:3, 비환류식 1:2)
    - 연료의 점도가 크거나 유압이 $5kg/cm^2$ 이하가 되면 분무화가 불량하다.
    - 연료분사 범위는 15~2,000L/hr 정도이다.
  ⸨ 이류체 분무화식 : 증기 또는 공기의 분무화 매체를 사용하여 분무화시키는 방식이다.
    • 고압기류식 : $2~8kg/cm^2$의 고압공기를 사용하여 연료유를 무화시키는 방식이다.
      〈특징〉
      - 분무각도는 30°로 작다.
      - 유량조절범위는 1:10 정도로 크다. 부하변동에 적응이 용이하다.
      - 연료분사범위는 외부혼합식이 3~500L/hr, 내부혼합식이 10~1,200L/hr 정도로 대형시설에 적합하다.
      - 분무에 필요한 공기량은 이론연소공기량의 7~12% 정도이다.
    • 저압기류식
      〈특징〉
      - 분무각도는 30~60°로 작다.
      - 유량조절범위는 1:5로 비교적 큰 편
      - 연료분사범위는 200L/hr로 소형시설에 적합하다.
      - 분무에 필요한 공기량은 이론연소공기량의 30~50% 정도이다.

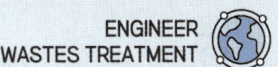

- 회전 이류체 분무화식 : 회전하는 컵 모양의 분무컵에 송입되는 연료유가 원심력으로 비산됨과 동시에 송풍기에서 나오는 1차 공기에 의하여 분무되는 형식으로 유압식 버너에 비하여 연료유의 분무화 입경이 비교적 크지만 연료유의 점도가 작을수록, 분무컵의 회전수와 1차 공기의 속도가 클수록 분무화 입경은 작아진다.

  〈특징〉
  - 분무각도 40~80°
  - 유량조절 범위 1:5로 비교적 큰 편
  - 연료유 분사 유량은 직결식이 1,000L/hr 이하, 벨트식이 2,700L/hr 이하이다.

- ⓒ 충돌 분무화식 : 적열된 금속판에 연료를 고속으로 충돌시켜 분무화하는 방식으로, 액체연료를 분무화시킬 때 분무화된 액체연료의 입경이 균등하지 못하면 부분적 기화현상이 생겨서 역화 또는 폭발의 위험이 있으므로 균일한 분무화 입경이 필요하다.

- ⓔ Gun type : 유압식과 공기분무식을 합한 연소방식이다.

  〈특징〉
  - 유압은 보통 $7kg/cm^2$ 이상
  - 연소가 양호하며, 소형이다.
  - 전자동 연소가 가능하다.

  ※ 액체 주입형 연소기(분무연소방식) : 액상폐기물을 고온의 소각로로 흡입시켜 소각하는 방식으로 소각물의 물성에 따라 이류체 분무식, 유압식, 증기분무식으로 적용할 수 있다. 주로 액상폐기물에 적용되며 소각재처리시설이 없다.

장점	단점
• 유기폐액이나 유동 슬러지도 처리할 수 있다. • 운송을 펌프나 배관을 이용하므로 음식물폐기물이나 휘발성 폐기물 같이 악취가 발생하는 폐기물에 적용하기 용이하다.	• 버너노즐을 통해 액체를 미립화하여야 한다. • 고형분의 농도가 높으면 버너가 막히기 쉽다. • 대량 처리가 불가능하다.

3 기체연료의 연소장치 및 연소방법

① **확산연소** : 기체연료와 연소용 공기를 로내에 따로 따로 분출시킨 후 로내에서 혼합하여 연소시키는 방식이다.

〈특징〉
- 역화의 위험이 없다.
- 가스와 공기를 예열할 수 있다.
- 화염이 길고 그을음이 발생하기 쉽다.

• 포트형
• 버너형
  - 선회식
  - 방사형

② **예혼합연소** : 기체연료와 연소용 공기를 미리 혼합하여 버너로 로내에 분출시켜 연소시키는 방식이다.

   암기TIP 예혼합연소는 역화의 위험이 있어 꼬 저 송!

   〈특징〉
   - 화염온도가 높아 연소부하가 큰 경우에도 사용가능
   - 화염길이가 짧고, 연소조절이 쉽다.
   - 그을음 생성이 없다.
   - 혼합기의 분출속도가 느릴 경우 역화의 위험이 있다.
   • 고압버너
   • 저압버너
   • 송풍버너

③ **부분예혼합연소** : 확산연소와 예혼합연소를 절충한 방법, 일부는 미리 연료와 공기를 혼합하고, 나머지는 연소실내에서 혼합하여 확산하는 연소방식이다. 주로 소형 또는 중형버너에 사용된다.

> 💡 **연소방법에 따른 소각로 종류**
> - 완전연소식 소각로(연속 연소식) : 1일 24시간 연속운전하고 소각열회수시설의 투입설비에서 재처리설비까지 기계화되어 가동중에 연속적으로 소각잔재물을 제거하는 방식의 시설을 말한다.
>   - 가동시간 : 1일 24시간
> - 준연속식 소각로 : 1일 24시간 미만 운전하고 가동중지 후 일정온도만 승온한 후 재가동 가능하며, 소각열회수시설의 투입설비에서 재처리설비까지 기계화되어 가동 중에 소각잔재물을 간헐적으로 제거하는 방식의 시설을 말한다. 부분적으로 기계화가 되지 않았거나 연소제어장치 등을 자동화하지 않고 폐기물의 투입은 연속적으로 하며 수동으로 운전하도록 한 설비를 말한다.
>   - 가동시간 : 1일 24시간 미만 (보통 16시간 운전)
> - 회분식 소각로 : 1일 8시간 미만 운전하고 소각열회수시설의 가동을 중지하고 연소실을 냉각한 후 소각잔재물(바닥재를 말한다. 이하 같다)을 한 번에 제거하는 방식의 시설을 말한다.
>   - 가동시간 : 1일 8시간

> 💡 **보염기**
> 버너에서 착화를 확실히 하고 또 화염이 꺼지지 않도록 화염의 안정을 꾀하는 장치. 화염 안정화를 위해서는 보염기로 증기 흐름을 차단하여 보염기의 하류부에 착화가 가능한 저속의 고온 순환역(域)을 형성시킬 필요가 있다. 보염기는 선회기 형식(선회기)과 보염판 형식(보염판)으로 대별된다.
>
> > 화염을 유지하기 위한 보염기에 대한 설명
> > 1. 원추형 보염기는 원추의 가장자리에서 말려들게 한 소용돌이에 의하여 주로 보염작용을 행한다.
> > 2. 공기유동에 대해 소용돌이를 발생시켜 화염의 순환영역을 만들어 화염의 안정화를 꾀한다.
> > 3. 공기유동에 대해 연료를 역방향으로 분사하여 국부공기유속을 화염 전파속도보다 작게 한다.
> > 4. 축류형 보염기는 날개의 후방에 생기는 소용돌이에 의하여 주로 보염작용을 행한다.

4 통풍장치

통풍장치는 연소용공기가 연소 후에 굴뚝으로 잘 배출되도록 해주는 장치로, 통풍형식은 자연통풍과 강제통풍으로 구분된다.

(1) 강제통풍

① **가압통풍(압입통풍)** : 송풍기로 연소실에 압력을 가하여 통풍하는 방식이다.

〈특징〉
- 공기를 예열할 수 있다.
- 유지보수가 용이하다.
- 연소실내가 양압(+)으로 유지된다.
- 연소실의 기밀이 요구된다.
- 역화의 위험이 있다.

② **흡인통풍** : 연소실내를 음압(-)으로 유지하여 통풍하는 방식이다.

〈특징〉
- 역화의 위험이 없다.
- 유지보수가 어렵다.
- 가압통풍에 비해 유지비가 많이 든다.
- 이젝터를 함께 사용할 수 있다.

③ **평형통풍** : 가압통풍 + 흡인통풍

〈특징〉
- 역화의 위험이 없고, 공기예열이 가능하다.
- 유지비가 많이 들고, 소음이 심하다.

> 💡 **통풍장치의 통풍력 증가요건**
> - 굴뚝높이 증가
> - 배기가스 온도를 높임
> - 굴뚝의 단면적을 작게 하여 토출속도를 빠르게 함
> - 굴뚝 내면을 라이닝(코팅)하여 마찰 및 통풍저항을 적게 함

5 폐열 회수

(1) 폐열 회수 설비

① **과열기(Super heater)** : 연소실 바로 앞단에 위치하여 열을 회수하는 장치, 축열식과 대류식이 있다.
  ㉠ 과열기의 종류
   - 축열식 : 화염의 방사열을 이용하여 열을 회수, 연소실 내부에 위치
   - 대류식 : 대류전달열을 이용하여 열을 회수, 후속 연도에 위치
  ㉡ 특징 : 일반적으로 보일러의 부하가 높아질수록 대류과열기에 의한 과열온도는 상승하고 축열(방사)과열기에 의한 과열온도는 낮아진다.

② **재열기(Reheater)** : 과열기 후단에 위치하여 과열기에서 소모된 열량을 재가열하여 열을 회수하는 장치

③ **절탄기(Economizer)** : 재열기 후단에 위치하고 연도(굴뚝)에 설치되며 배기가스의 잔열(여열)로 급수를 예열하는 장치
  ㉠ 특징
   - 보일러 드럼에 발생하는 열응력3) 감소
   - 급수온도가 낮은 경우, 굴뚝가스 온도가 저하하면 절탄 시 저온부에 접하는 가스 온도가 노점에 달하여 절탄기를 부식시킨다.

④ **공기예열기(Air preheater)** : 절탄기 후단에 위치하여 연소용 공기를 예열하는 장치
  ㉠ 공기예열기의 종류
   - 판상 공기예열기
   - 관형 공기예열기
   - 재생식 공기예열기
  ㉡ 특징
   - 공기예열기를 사용함으로 연료의 착화를 용이하게 하고 연소를 양호하게 하며 연소온도를 높일 수 있다.
   - 절탄기(이코노마이저)와 병용 설치하는 경우, 공기예열기를 저온측에 설치한다.
   ※ 수트 블로워(soot blower) : 발생하는 스팀을 이용하여 soot(그을음)을 강력하게 불어내어 제거하는 설비, 열효율을 증가시키고 soot로 인한 부식을 억제한다.

(2) 증기터빈

증기의 열에너지를 운동에너지로 바꾸는 기계장치로 증기가 회전날개에 부딪힐 때의 힘으로 열에너지를 운동에너지로 전환한다. 보통 과열기와 재열기 사이에 위치한다.

① 증기작동방식에 따른 분류
  ㉠ 충동식 터빈(Impulse Turbine)
  ㉡ 반동식 터빈(Reaction Turbine)

---

3) 열응력 : 재료가 고정되어 있고 온도가 변화한 경우 재료의 늘어남 또는 수축을 저지하기 때문에 생기는 응력

ⓒ 혼합식 터빈
② 증기이용방식에 따른 분류
㉠ 배압 터빈
㉡ 복수 터빈
㉢ 혼합 터빈
③ 피구동기
㉠ 발전용 : 직결형, 감속형
㉡ 기계 구동형 : 급수펌프구동, 압축기구동
④ 증기유동방향
㉠ 축류 터빈　　　　　　　　㉡ 반경류 터빈
⑤ 케이싱수
㉠ 1케이싱 터빈　　　　　　　㉡ 2케이싱 터빈
⑥ 흐름수
㉠ 단류 터빈　　　　　　　　㉡ 복류 터빈

UNIT 04 연소가스처분 및 오염방지

1 집진

① 원심력집진장치의 원리 및 특징
　㉠ 메커니즘 : 원심력 + 관성력 + 중력을 이용하여 먼지를 제거한다. 유입되는 함진가스의 원심력을 조성하여 장치 내벽에 충돌할 때 생기는 관성력과 중력으로 먼지를 제거한다.
② 효율향상조건
- 장치 높이 높게
- 유속 빠르게(적정 범위 내에서) → 적정범위 : 접선유입식 7~15m/sec, 축류식 10m/sec 전후
- 장치 내경 짧게
- 교란 방지
- Dust Box와 분리하여 설계
- 멀티 싸이클론 재용
- 먼지폐색(dust plaque)효과를 방지하기 위해 축류집진장치를 사용
- 고농도 분진은 직렬로, 대량가스는 병렬로 처리

ⓒ 장단점

장점	단점
• 구조가 간단하고 가동부가 없음 • 전처리장치로 이용하기 용이 • 고온가스 처리 가능 • 먼지입경에 대하여 사용범위 넓음(3~100㎛)	• 미세한 입자의 포집곤란 • 압력손실이 비교적 높음 • 먼지부하, 유량변동에 민감 • 점착성, 조해성, 부식성 가스에 부적합

> 💡 Blow Down(블로우 다운) 방식
> 1) Blow Down 효과의 정의 : 사이클론의 집진효율을 높이는 방법으로 하부의 더스트 박스(Dust Box)에서 처리가스량의 5~10%를 처리하여 사이클론내의 난류현상을 억제시킴으로 먼지의 재비산을 막아주며, 장치내벽 부착으로 일어나는 먼지의 축적도 방지하는 효과이다.
> 2) Blow Down의 장점
>   ① 원추하부에 가교현상을 억제시켜 재비산을 방지한다.
>   ② 분진내통의 더스트 플러그 및 폐색을 방지한다.
>   ③ 유효원심력을 증가시킨다.
>   ④ 원추하부 또는 출구에 분진이 퇴적되는 것을 방지한다.

② **여과집진장치의 원리와 특징**

ⓐ 메커니즘(세정집진과 같음)
  • 관성충돌
  • 접촉차단
  • 확산
  • 중력
  • 체거름(가교현상) ← 여과집진만 하는 메커니즘

ⓑ 효율향상조건
  • 분진입자크기와 밀도가 클수록
  • 유속이 느릴수록
  • 적당한 여과포를 설치

ⓒ 탈진방식
  • 간헐식 : 역기류식, 진동식, 역기류 진동식
  • 연속식 : Pulse jet(충격제트식), Reverse jet(역기류제트식)

ⓓ 장단점

장점	단점
• 미세입자에 대한 집진효율이 높음 • 여러 가지 형태의 분진을 포집할 수 있음 • 다양한 용량의 가스를 처리할 수 있음 • 부하변동에 대한 대응성이 좋음 • 유용한 입자 회수가능	• 소요면적이 많이 듦 • 폭발성, 점착성 분진제거가 곤란함 • 유지비용 많이 듦 • 가스의 온도에 제한을 받음 • 수분, 여과속도에 적응성이 낮음

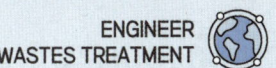

※ 블라인딩 현상(눈막힘현상) : 점착성 또는 부착성이 강한 분진을 처리할 때 함진배기가스 중에 함유된 수분의 응결로 인하여 여과포에 부착된 분진이 탈리되지 않고 그대로 부착되어 압력손실을 증가시키게 되는 현상을 말한다.

③ 전기집진장치(EP, ESP)의 원리와 특징
  ㉠ 메커니즘 : 방전극에는 음(-)극으로 집진판을 양(+)극으로 하여 강전계를 형성하여 먼지를 음(-)으로 대전시켜 집진판에 부착 후 탈진하여 제거하는 방식이다.
    • 정전기적인 인력(쿨롱력)
    • 전계경도에 의한 힘(유전력)
    • 입자간의 흡입력
    • 전기풍에 의한 힘
  ㉡ 효율향상조건
    • 유속을 적정하게 유지
    • 전기저항이 큰 먼지입자는 배제하거나, 저항을 낮춤
    • 균일한 전계형성
    • 수분과 온도를 알맞게 조절

  💡 겉보기 전기저항에 따른 집진성능
    • 전기저항이 높을 때($10^{11} \Omega \cdot cm$ 이상) → 역전리 발생
      〈대책〉 SO_3 주입, 황함량이 높은 연료 혼소, 온도 및 습도 조절, 습식 집진, 2단식 채용
    • 전기저항이 낮을 때($10^4 \Omega \cdot cm$ 이하) → 재비산현상(점핑현상)
      〈대책〉 암모니아 주입, 온도 및 습도 조절, 습식 집진, 1단식 채용
    → 일반적인 소각로에서의 정상적인 집진성능을 보이는 먼지의 전기비저항은 $10^{4\sim5} \times 10^{10} \Omega \cdot cm$이다.

  ㉢ 장단점

장점	단점
• 미세입자 제거 및 집진효율이 높음	• 소요면적이 많이 듦
• 낮은 압력손실로 내량가스 처리가능	• 설치비가 많이 듦
• 광범위한 온도범위에서 설계가능	• 운전조건의 변화에 따른 대응성이 낮음
• 비교적 운영비가 적게 듦	• 비저항이 큰 분진 제거 어려움

  💡 소각시설에서 발생하는 분진의 특징
    • 흡수성이 크고 냉각되면 잘 고착된다.
    • 부피에 비해 비중이 작고 가볍다.
    • 배출되는 분진의 평균입경이 작다.

2 유해가스처리

(1) 유해가스의 발생 및 처리

① 황산화물 발생 및 처리

㉠ 건식법

- 석회석 주입법 : 석회석 분말을 보일러의 연소실에 직접 주입하여 석회석과 SO_2를 반응시켜 석고로 회수하는 방법
  - 초기 투자비가 적게 듦
  - 소규모의 보일러나 노후된 보일러에 추가로 설치할 때 사용
  - 고온에서도 온도저감없이 사용가능
  - pH의 영향을 받지 않음
  - 분말이 부착되어 열전달률 저하 우려
  - 분진 생성 문제

  반응식 $CaCO_3 + SO_2 + 0.5O_2 \rightarrow CaSO_4 + CO_2$

- 활성산화망간법 : 분말상의 산화망간을 배출가스 내에 주입시키면, 이것이 SO_2와 반응하여 황산망간 ($MnSO_4$)을 생성하며 여기에 다시 NH_3을 가하면 $(NH_4)_2SO_4$가 생성된다.
- 활성탄 흡착법 : SO_2를 활성탄에 흡착시키면 활성탄이 촉매작용을 하여 SO_2가 SO_3로 산화되고 SO_3가 배출가스 중의 수증기와 반응하여 H_2SO_4가 생성된다. 부착된 H_2SO_4를 회수하면 공정이 마무리된다.
  ※ 황산화물 활성탄 제거법 중 탈착방법 : 가열법, 세척법, 수증기 탈착법, 환원법, 불활성가스 탈착법
- 산화법(접촉산화법) : V_2O_5, K_2SO_4의 촉매를 사용하여 SO_2를 SO_3로 산화한 후 흡수탑에서 세정하여 황산으로 회수하거나 NH_3를 주입하여 $(NH_4)_2SO_4$로 회수하는 방법

  반응식 $SO_2 + 0.5O_2 \xrightarrow{V_2O_5, K_2SO_4} SO_3$
  $SO_3 + H_2O \rightarrow H_2SO_4$
  $SO_3 + 2NH_4OH \rightarrow (NH_4)_2SO_4 + H_2O$

  ※ NH_4OH : 암모니아수

- 전자빔에 의한 제거 : 전자빔을 배출가스에 조사하면, 산소, 수분 등이 전자와 충돌하면서, 라디칼을 형성하고 이 라디칼이 SO_2와 반응하여 황산이 생성되며, 여기에 NH_3를 투입하여 $(NH_4)_2SO_4$의 고체 입자로 만들어 제거하는 방법이다.
- 산화구리법 : 산화구리를 사용하여 SO_2를 $CuSO_4$로 고정한 다음 H_2와 CH_4 등의 환원제를 써서 $CuSO_4$를 Cu와 SO_2로 재생하는 방법이다.

㉡ 습식법

- 석회세정법 : 신뢰성과 경제성이 우수한 공법으로 효율이 95% 이상으로 좋다. 생석회(CaO)나 석회석을 Slurry 상태로 만들어 배연탈황에 이용하는 방법이다.

- 효율이 우수
- 변동이 적고 안정적인 처리가능
- pH의 영향을 받음(pH가 높아지면 제거효율은 높아지나 석회석 이용률과 산화반응속도는 낮아진다. 일반적으로 spray tower 방식에서는 pH 5~6 정도로 유지)
- 석고에 의한 스케일생성 문제
- NH_4OH(암모니아수)에 의한 흡수법 : 암모니아 수용액을 이용하여 SO_2를 흡수한다.

> **반응식** $SO_2 + 2NH_4OH \rightarrow (NH_4)_2SO_3 + H_2O$
> $(NH_4)_2SO_3 + H_2O + SO_2 \rightarrow 2NH_4HSO_3$

- Na법 : SO_2를 Na_2CO_3, $NaOH$, $NaHSO_3$, $NaAlO_2$, $Na_2OAl_2O_3$ 등과 반응시켜 제거하는 방법
- Wellmann-Lord법(재생식 공정) : SO_2를 Na_2SO_3를 이용하여 $NaHSO_3$으로 제거한 후, $NaHSO_3$를 가열하여 Na_2SO_3로 재생하는 방법, 석고에 의한 스케일 문제를 극복하고, 높은 효율로 운전이 가능하지만, 비용이 매우 비싸다.
- 마그네슘법 : SO_2를 MgO나 $Mg(OH)_2$의 Slurry와 반응시켜 $MgSO_3 \cdot 2H_2O$를 얻고 이것을 가열하여 SO_2와 MgO을 회수하는 방법

ⓒ 반건식법 : SO_2를 액체주입이 아닌 건조분말에 미세하게 분무된 액적과 접촉하여 처리하는 방법으로, 건조생성물은 반응기의 바닥으로 떨어지고, 집진장치에서 포집된 고형물은 흡수제로 재순환시켜 사용하는 공정이다. 비교적 장치가 간단하고, 흡수제의 소비를 줄이며, 수처리 비용이 절감되는 장점을 가지고 있어 공정개발이 활발하게 이루어지고 있다.

ⓔ 중유탈황 [암기TIP] 접 금 미 방 – 신체접촉 시 19금되어 미방송 된다.
- 접촉수소화 탈황(가장 많이 사용) : 온도 350~400℃, 압력 약 100atm
  - 직접탈황법
  - 간접탈황법
  - 중간탈황법
- 금속산화물에 의한 탈황
- 미생물에 의한 탈황
- 방사선에 의한 탈황

② 질소산화물 발생 및 처리
ⓐ 연소조절에 의한 NOx 발생의 억제 : 연소온도를 줄여 Thermal NOx 발생을 최소화하고 과잉공기량을 줄여 Fuel NOx를 억제하는 것이 목적
- 저과잉공기연소 : 공기공급량을 최소화하여 연소실의 온도를 저하시키고 산소농도를 낮추어 Thermal NOx와 Fuel NOx를 동시에 제어
- 연소용 공기 예열온도 조절 : 예열온도를 낮추어 연소온도를 저하시킴으로써 Thermal NOx 제어
- 연소부분 냉각 : 고온부에 수증기를 주입하여 온도를 저하, Thermal NOx 제어
- 배출가스 재순환(FGR) : 배기가스 재순환을 통하여 저산소로 연소시킴으로 연소온도를 저하, 주로 Thermal NOx 제어 효과

- 버너 및 연소실의 구조개량 : 연소실의 구조/재질을 변경하여 열의 확산을 촉진시킴으로 연소실내의 온도저하, Thermal NOx 제어
- 2단 연소 : 연소실의 구획을 나누어 1단에서는 공기공급을 줄여 불완전연소, 2단에서는 과잉공기로 공급하여 1단에서의 불완전연소물질을 완전연소함으로써 전체적인 연소온도를 감소하는 방법, Thermal NOx와 Fuel NOx를 동시에 제어한다. 특히 탁월한 Fuel NOx 제어효과를 가진다.
- 농담연소 : 버너의 공기공급량에 차이를 두어 1차 버너에서는 불완전연소, 2차 버너에서는 과잉연소하여 연소온도를 줄이는 방법, Thermal NOx와 Fuel NOx를 동시에 제어한다.

※ Thermal NOx : 연소실의 온도가 높아지면 질소와 산소의 반응으로 질소산화물이 형성
※ Fuel NOx : 연료 중의 존재하는 질소성분이 산소와 결합하여 질소산화물이 형성

ⓒ 배출가스 중의 NOx 제거
1) 건식법
- 환원법
  - SCR(선택적 촉매환원법) : TiO_2과 V_2O_5를 혼합하여 제조한 촉매에 NH_3, H_2S 등 선택적 환원가스를 작용시켜 처리하는 방법이다.

    > **반응식**
    > $4NO + 4NH_3 + O_2 \rightarrow 4N_2 + 6H_2O$
    > $6NO_2 + 8NH_3 \rightarrow 7N_2 + 12H_2O$
    > $6NO + 4NH_3 \rightarrow 5N_2 + 6H_2O$
    > $NO + H_2S \rightarrow 0.5N_2 + H_2O + S$

  - SNCR(선택적 비촉매환원법) : 900~1000℃에서 촉매없이 선택적 환원가스를 질소산화물과 반응시켜 환원시키는 방법이다.

    > **반응식**
    > $4NO + 2(NH_3)_2CO + O_2 \rightarrow 4N_2 + 4H_2O + 2CO_2$

  - NCR(비선택적 촉매환원법) : 산소가 희박한 상태에서 촉매에 비선택적 환원가스(H_2, CO, CH_4)를 작용시켜 처리하는 방법이다.

    > **반응식**
    > $2NO_2 + 4CO \rightarrow N_2 + 4CO_2$
    > $2NO_2 + CH_4 \rightarrow N_2 + CO_2 + 2H_2O$
    > $4NO + CH_4 \rightarrow 2N_2 + CO_2 + 2H_2O$

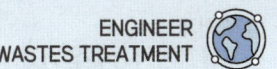

※ SCR과 SNCR의 비교

구분	SCR	SNCR
온도	300~400℃	900~1000℃
규모	대형	소형, 중형
촉매	사용	사용하지 않음
압력손실	큼	작음
제거효율	90% 이상	70% 이상
암모니아슬립	거의 없음	있음

- 흡착법 : 활성탄, 활성알루미나, 실리카겔 등의 흡착제를 이용하여 흡착처리하는 공정이다. 분자량 45 미만의 가스는 흡착되지 않으므로 NO를 NO_2로 산화하여 제거한다. 현실성은 희박한 편이다.
- 전자빔에 의한 제거 : 전자빔을 배출가스에 조사하면, 산소, 수분 등이 전자와 충돌하면서, 라디칼을 형성하고 이 라디칼이 NOx와 반응하여 HNO_3를 만들고, 여기에 NH_3를 투입하여 NH_4NO_3의 고체입자로 만들어 NOx를 제거한다.

2) 습식법
- 물 또는 알칼리용액 흡수법 : NOx을 물이나 알칼리용액에 흡수시키는 방법으로 NO는 물에 거의 흡수되지 않으므로, NO를 촉매를 이용하여 NO_2로 산화한 후 흡수시킨다.
- 황산흡수법 : H_2SO_4로 NOx를 흡수하여 나이트로실황산($NOHSO_4$)으로 만들어 제거한다.
- 수산화물 흡수법 : NOx를 $Ca(OH)_2$ 또는 $Mg(OH)_2$에 흡수시켜 처리한다.
- $FeSO_4$ 흡수법 : 황산제1철을 NO와 반응시켜 착염을 생성하는 방법이다.

반응식 $NO + FeSO_4 \rightarrow Fe(NO)SO_4$

③ 악취 및 VOC 처리

💡 악취물질의 종류
- 암모니아(NH_3) : 소변냄새, 고기 썩는 냄새
- 메틸멜캅탄(CH_3SH) : 야채 썩는 냄새
- 트리메틸아민[$(CH_3)_3N$] : 생선 썩는 냄새
- 스타이렌($C_6H_5CH=CH_2$) : 플라스틱 타는 냄새
- 황화수소(H_2S) : 계란, 우유 썩는 냄새
- 이황화메틸[$(CH_3)_2S_2$] : 야채 썩는 냄새
- 아세트알데히드(CH_3CHO) : 담배 냄새

㉠ 환기 및 희석 : 후드와 덕트를 통하여 수집하고 굴뚝에서 배출하는 방법, 악취의 농도가 강할 때는 부적합, 운전비용이 가장 저렴

㉡ 흡착 : 물리적 흡착으로 주로 채택

㉢ 흡수 : 흡수액을 이용하여 흡수처리

㉣ 응축
- 표면응축법 : 열교환기를 사용하여 표면응축
- 직접응축법 : 충전탑 등을 이용하여 직접응축

ⓜ 연소
- 직접연소 : 오염물질을 직접 연소실에 투입하여 산화분해하는 방법
  - 650~850℃, 고농도·대유량 처리 적합(오염물의 발열량이 연소에 필요한 전체열량의 50% 이상일 때 경제적으로 타당하며 연료의 농도가 폭발한계 이상일 때 연소반응이 일어난다.)
  - 보조연료 사용
  - NO_x 발생 및 기타 유해가스 2차발생 우려
  - 화재 및 폭발 우려
  - 체류시간 0.2~0.7초
  - 부식문제가 존재한다. (반응속도가 클수록 부식문제 심화)
- 가열연소(열분해) : 오염물질을 가열로에 투입하여 무산소 상태에서 분해하는 방법
  - 500~700℃
  - 저농도·소유량 처리 적합
  - 보조연료 사용, 부산물 회수(고체, 액체, 기체연료 회수)
- 촉매연소 : 오염물질을 촉매 존재하에서 연소하여 산화분해하는 방법
  - 300~400℃, 저농도·소유량 처리 적합(폭발한계 이하의 중농도 또는 저농도일 경우에 유리)
  - 효율이 좋고, 압력손실이 적음
  - 낮은 온도에서 분해가 가능하여 NO_x 생성이 적다.
  - 직접연소에 비해 보조연료의 소비가 적다.
  - 촉매독 문제(분진, Zn, Pb, S, Hg 존재 시 문제)

ⓑ 위장법 : 향기를 가진 물질을 이용하여 악취물질을 위장시키는 방법, 제거공법 아님

ⓢ 생물학적 처리
- 바이오필터 : 필터 안에 미생물이 부착하여 필터를 통과시키면서 악취를 제거하는 공정
- 초기에 안정화하는데 시간이 오래 걸림
- 2차오염이 없음
- 온도, 수분, 독성에 영향을 많이 받음
- 토양탈취법 : 토양 내에 미생물을 이용하여 토양층에 악취를 통과시켜 제거하는 공정
- 2차오염이 없음
- 온도, 수분, 독성에 영향을 많이 받음
- 넓은 부지면적 소요

④ **다이옥신 제어** : 비교적 낮은 소각온도에서 벤젠과 염소가 불완전연소상태가 형성되면 다이옥신은 생성될 수 있다. 아래의 방법으로 다이옥신은 제어된다.

㉠ 연소 전 제어
- 폐기물 투입량을 일정하게 조정
- 전구물질(Cl, 플라스틱 등)의 제어
- 분리수거, 일회용품 사용자제

㉡ 연소 과정 제어(소각로 내 제어) → 불완전 연소를 방지하여야 다이옥신을 제어할 수 있다.

- 공급상태 균질화 : 연소온도, 산소, 유기물의 변동을 막기 위해 균일한 쓰레기 조성을 유지한다.
- 적당한 연소온도 : 850℃ 이상으로 연소실 온도 유지 (1,000℃ 이상 권장)
- 체류시간 : 2초 이상
- 충분한 산소농도(6~10% → 보일러 출구기준)
- 충분한 혼합
- 연소 시 CO 농도 50ppm 이하 유지
- 입자이월의 최소화 : 분진이 소각로 밖으로 빠져나가는 것을 최대한 배제한다. 분진은 저온형성을 촉진하기 때문이다.

ⓒ 연소 후 제어
- 후류온도 제어 : 다이옥신은 250~400℃ 사이에서 잘 형성되므로 연소실 출구에서 온도를 높게 유지하거나 250℃ 이하로 낮추어 다이옥신을 제어한다.
- 여과집진기+SCR : 여과집진기로 다이옥신의 전구물질은 분진을 집진 후에 SCR로 다이옥신을 제거한다.
  〈특징〉
  - SCR에서 반응 후 잔여물질이 없어 발생폐기물의 처리비용이 들지 않는다.
  - 다이옥신과 NOx를 동시제어할 수 있다.
  - 다이옥신의 재생성의 가능성이 높다.
  - 설비투자비가 높다.
- 여과집진기+활성탄 : 연소가스에 활성탄분말을 연속주입한 후 백필터(여과집진기)에서 반응 후 물질을 흡착여과포집한다.
  〈특징〉
  - 단독이용시 보다 건설비가 적게 들며, 제거효율이 높다.
  - 다이옥신과 함께 중금속 등의 흡착도 가능하다.
  - 운전온도 및 체류시간이 짧아 다이옥신 재형성 방지에 유리하다.
  - 활성탄 주입량을 변경하면 다이옥신 제거효율을 높일 수가 있다.
  - 송풍기의 용량이 커야 운영이 가능하다.
  - 활성탄의 주입 및 저장시 폭발 및 화재발생 우려가 있다.
- 촉매처리 시스템 : 티타늄, 바나듐, 백금, 팔라듐 같은 촉매를 사용한 촉매반응탑에 유입시켜 다이옥신을 분해하는 방법
- 광분해법 : 자외선(파장 250~340nm)을 배기가스에 조사시켜 다이옥신의 결합을 파괴하는 방법
- 흡착처리 : 활성탄을 이용하여 다이옥신을 흡착한 후 흡착제를 분진제거 장치로 제거하는 방법
- 생물학적 분해법 : 미생물을 이용하여 다이옥신을 생물학적으로 분해시켜 제거하는 방법
- 초임계유체 분해법 : 초임계유체를 이용하여 다이옥신을 흡수 세서하는 방법

> 💡 주요 다이옥신 제어설비
> - 여과집진기
> - 흡착탑
> - SCR, SNCR
> - 촉매반응탑

3 유해가스 처리설비

① 흡수 처리설비
- ㉠ 액분산형 : 액을 분산시켜 가스와 접촉하여 흡수처리하는 방법(예 충전탑, 분무탑, 벤투리스크러버, 제트스크러버, 사이클론스크러버)
  - 용해도가 큰 가스에 적용
  - 헨리상수가 작은 가스에 적용
  - Cl 처리

    반응식
    $Cl_2 + H_2O \rightarrow HOCl + H^+ + Cl^-$
    $2Ca(OH)_2 + 2Cl_2 \rightarrow CaCl_2 + Ca(OCl)_2 + 2H_2O$
    $2NaOH + Cl_2 \rightarrow NaCl + NaOCl + H_2O$
    $2HCl + Ca(OH)_2 \rightarrow CaCl_2 + 2H_2O$

  - 흡수법으로 처리한다.
  - 흡수 후 산성폐수의 중화필요
  - F 처리

    반응식
    $F_2 + 2NaOH + 2H_2O \rightarrow 2NaF + 3H_2O + 0.5O_2$
    $2NaF + Ca(OH)_2 \rightarrow CaF_2 + 2NaOH$

  - 흡수법으로 처리한다.(단, 불소는 충전탑사용 권장하지 않음)
  - 흡수 후 산성폐수의 중화필요
- ㉡ 가스분산형 : 가스를 분산시켜 액과 접촉하여 처리하는 방법(예 다공판탑, 포종탑, 기포탑)
  - 용해도가 작은 가스에 적용
  - 헨리상수가 큰 가스에 적용

② 흡착 처리설비
- ㉠ 흡착제의 종류
  - 활성탄 : 용제회수, 악취제거, 가스정화
  - 알루미나 : 가스, 공기 및 액체의 건조
  - 보크사이트 : 석유 중의 유분제거, 가스 및 용액의 건조
  - 마그네시아 : 휘발유 및 용제정제
  - 실리카겔 : NaOH 용액 중 불순물 제거, 수분 제거
- ㉡ 흡착장치의 종류
  - 고정상 흡착장치 : 지지물 안에 흡착제를 넣고 오염물을 제거하는 방식
    - 조건변동에 따른 대응이 용이하다.
    - 흡착제의 마모손실이 적다.
    - 대용량은 수평형, 소용량은 수직형으로 한다.
  - 이동상 흡착장치 : 흡착제를 상부에서 하부로 이동하고, 처리가스는 하부에서 상부로 이동시켜 향류접촉

하여 흡착하는 방식
- 탈착효율이 좋음
- 흡착제의 마모손실이 있음
- 조건변동에 대응성이 좋지 못함
• 유동상 흡착장치 : 흡착제를 아래로 연속적으로 유동시키고, 가스를 향류접촉하여 흡착
- 접촉효율이 가장 우수
- 흡착제의 마모손실이 가장 큼

UNIT 05 열분해 이해하기

1 소각

(1) 정의 : 산소와 폐기물을 결합하여 연소반응을 일으켜 폐기물을 산화시키고 부피를 감소시키며 유기물성분을 제거한다. 생성된 열은 회수하고 남은 재는 폐기하는 일련의 과정을 말한다.

(2) 소각로의 부식문제

① 저온부식
  ㉠ 원인 : 소각로의 온도가 산노점(산성가스가 액체로 응결되는 온도, 보통 150℃) 이하로 저하되는 경우 SOx 또는 HCl가 응축되어 산을 형성하게 되고 소각로의 부식을 일으킨다. 저온부식의 원인물질은 주로 SOx이다.
    • 저온부식이 가장 잘 일어나는 온도 : 200℃ 이하
  ㉡ 대책
    • 연소가스 온도를 산노점 이상으로 유지
    • 내산성이 있는 재료의 선정
    • 표면 라이닝
    • 보온시공

② 고온부식
  ㉠ 원인 : 소각과정에서 생성되는 산성가스(HCl, SOx, NOx) 및 일산화탄소는 고온상태에서 소각로 벽면에서 금속과 반응하여 부식을 일으킨다. 고온부식은 특히 염소가스의 부식이 두드러지며 벽면에 소각재가 많이 부착될수록 부식은 더욱 촉진된다.
    • 고온부식이 가장 잘 일어나는 온도 : 600~700℃

ⓒ 대책
- 온도를 잘 발산할 수 있는 금속재료의 선정
- 내산성이 있는 재료의 선정
- 표면 라이닝
- 보온시공
- 먼지의 퇴적을 방지

2 열분해

① 정의 : 무산소 상태(고온열분해의 경우 저산소로 운전)의 환원된 분위기에서 물질에 열을 가하여 무해한 물질로 전환하는 방법으로 부산물이 생성된다. 물질이 산화되며 독성이 증가하는 것을 막을 수 있고, 회분 속에 중금속 또는 황이 고정되는 비율이 높다. → 생성부산물 : CH_4, H_2, 탄화수소, CO, 타르, 아세톤, 메탄올, Char

② 열분해 공정의 영향인자
   ㉠ 온도
   ㉡ 가열방법
   ㉢ 체류시간
   ㉣ 수분
   ㉤ 압력
   ㉥ 입자크기
   ㉦ 폐기물의 구성성분

③ 온도에 따른 열분해의 구분
   ㉠ 고온열분해(가스화) : 1,100~1,500℃, 가스와 오일생성, 저급탄화수소를 많이 생성한다. 폐기물을 산소 또는 수증기, 고온의 이산화탄소와 반응시켜 연료가스를 얻는 공정이다. (저산소 공정)
      → 생성물질 : H_2, CH_4, CO, C_2H_4
   ㉡ 저온열분해(액화) : 500~900℃, 오일과 Char(고체연료) 생성, 액체생성물에 중점을 둔 액화방식과 Char와 오일을 함께 얻은 저온열분해 방식으로 구분된다. (무산소 공정)
      → 생성물질 : 식초산, 아세톤, 메탄올, 에탄올, 오일, 타르, Char
   ㉢ 습식 산화(zimmermann process) : 약 250℃의 고압하에서 폐기물을 분해하는 방법이다.

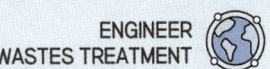

〈열분해 온도에 따른 가스생성비율〉

Gas 종류	열분해 온도			
	480℃	650℃	815℃	925℃
H_2	5.56%	16.58%	28.55%	32.48%
CH_4	12.43%	15.91%	13.73%	10.45%
CO	33.50%	30.49%	34.12%	35.25%
CO_2	44.77%	31.78%	20.59%	18.31%
C_2H_4	0.45%	2.18%	2.24%	2.43%
C_2H_6	3.03%	3.06%	0.77%	1.07%

④ 구조에 따른 열분해의 구분
  ㉠ 고정상 : 주입폐기물의 파쇄 유무의 관계없이 열분해가 진행되는 형태로 폐기물을 상부로부터 투입하고 하부에서 유입되는 스팀을 통해 건조 및 열분해가 진행되는 형태
  ㉡ 유동상 : 주입폐기물을 분쇄하여 상부로부터 투입하고 하부에서 유입되는 스팀을 통해 유동화시키면서 열분해되는 장치, 폐기물의 수분함량이 변화해도 운전이 용이(입자크기는 고정상과 부유상의 중간 정도)
  ㉢ 부유상 : 주입폐기물의 입자를 작은 형태로 분쇄하여 투입하고 하부에서 유입되는 스팀에 폐기물입자가 부유하며 열분해되는 형태, 폐기물의 주입량이 크지 못한 단점과 어떤 종류의 폐기물도 처리가 가능한 장점을 가지고 있다.

> 열분해 장치의 전처리단계 : 파쇄 → 선별 → 건조 → 2차 선별

⑤ 열분해 공법
  ㉠ 산소 흡입 고온 열분해법 : 이동 바닥로의 밑으로부터 주입된 소량의 순산소에 의해 폐기물 일부를 연소시켜 이때 발생되는 열을 이용해 상부의 쓰레기를 열분해하는 방법
    〈특징〉 선별, 파쇄과정이 필요 없으며, 공기를 공급하지 않아 NOx 발생이 적다.
  ㉡ 견형로 열분해법 : 소각로의 상단에서 투입된 폐기물은 화격자 밑에서 주입되는 중유, 타르, 미연분의 연소가스에 의해서 건조된 후 열분해된다.
    〈특징〉 폐플라스틱, 폐타이어 등의 열분해 시설로 많이 사용된다.
  ㉢ 이동층형(유동층형) 열분해법 : 적절히 파쇄된 폐기물을 소각로의 상단으로 주입함과 동시에 회전화격자의 바닥으로부터 스팀을 불어넣어 폐기물을 열분해시킨다.
    〈특징〉 도시폐기물의 열분해에 이용되고 폐기물의 균등한 공급이 어려우며 비교적 저품질의 가스가 회수된다.
  ㉣ 2탑 순환식 열분해법 : 열분해로와 연소로를 별도로 설치하여 열분해로로부터 유입된 폐기물을 열분해시켜 생성되는 가스의 일부를 순환시켜 열분해 유동화용 가스로 활용한다.
    〈특징〉 높은 열량의 가스를 회수할 수 있고, 타르상 물질의 생성량이 적으며, 폐가스의 생성량이 매우 적다. 플라스틱과 같은 열용융성물질의 처리에 적합하다.

ⓜ 고온 용융 열분해법 : 전처리를 하지 않고 그대로 쓰레기를 투입시켜 하강하는 사이에 상승하는 고온가스에 의해 열분해시킨다.

〈특징〉 생성된 클링커는 유효한 건축자재(쇄석)로 이용할 수 있다. 화격자가 없어 화격자에 의한 열손실이 없다.

ⓗ 습식 산화(zimmermann process) : 고온, 고압하에서 폐기물을 분해하는 방법이다.

〈특징〉 주로 슬러지의 처리에 적용된다.

⑥ **열분해와 소각처리의 비교**

구분	열분해	소각
연소비용	많음	적음
오염물질발생	거의 없음	많음
폭발위험	적음	다소 많음
연료생성	온도에 따라 고체, 액체, 기체연료생성	없음
농도별 처리	저농도 잘 처리	고농도 잘 처리
배기가스량	적음	많음
처리속도	느림	빠름

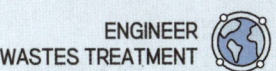

기출문제로 다지기 — UNIT 03~05 연소장치 및 연소방법, 연소가스처분 및 오염방지, 열분해 이해하기

01. 30ton/8hr인 소각로의 설계에 있어서 화격자의 부하율이 180kg/m²·hr로 했을 때 화격자 면적(m²)을 계산하시오.

해설 식 화격자의 면적$(m^2) = \dfrac{\text{투입량}}{\text{화격자 부하율}}$

$\therefore \text{X}\,m^2 = \dfrac{30\text{ton}}{8\text{hr}} \times \dfrac{m^2 \times hr}{180\text{kg}} \times \dfrac{10^3 \text{kg}}{1\text{ton}} = 20.83\,m^2$

정답 20.83m²

02. 30ton/8hr인 소각로의 설계에 있어서, 화격자 면적이 25m²일 때, 화격자의 부하율(kg/m²·hr)을 계산하시오.

해설 식 화격자 부하율$(kg/m^2 \cdot hr) = \dfrac{\text{투입량}(kg/hr)}{\text{화격자의 면적}(m^2)}$

$\therefore \text{화격자 부하율}(kg/m^2 \cdot hr) = \dfrac{(30\text{톤}/8hr) \times (10^3 kg/1\text{톤})}{25m^2} = 150\,kg/m^2 \cdot hr$

정답 150kg/m²·hr

03. 길이 1.5m, 폭 1.3m, 높이 2m 되는 연소실에서 저위발열량이 1000kcal/kg인 폐기물을 1시간에 200kg씩 연소하고 있는 연소실의 열부하율은 얼마인가?

해설 식 열부하율$(Q_v) = \dfrac{G_f \times Hl}{\forall}$

- G_f = 폐기물 소각량 = 200kg/hr
- $\forall$ = 연소실 용적 = $1.5 \times 1.3 \times 2 = 3.9\,m^3$

$\therefore Q_v = \dfrac{200 \times 1{,}000}{3.9} = 51{,}282.05\,kcal/m^3 \cdot hr$

정답 51,282.05kcal/m³·hr

04. 소각로의 연소실내에서 연소가스와 폐기물의 흐름에 따라 운전조작방식을 구분할 수 있다. 연소가스와 폐기물의 흐름에 따른 4가지 운전조작방식을 쓰시오.

> **해설** ① 상향연소방식(역류식, 향류식) : 연소가스의 흐름과 폐기물의 흐름이 서로 반대인 향류접촉의 형태, 저질쓰레기의 연소시 채택(발열량 낮고, 수분함량 높은 폐기물)
> ② 하향연소방식(병류식) : 연소가스의 흐름과 폐기물의 흐름이 서로 같은 병류접촉의 형태, 고질쓰레기의 연소시 채택(발열량 높고, 휘발분 많고, 수분함량 낮은 폐기물)
> ③ 중간류식(교류식) : 연소가스의 배출이 중간부에서 배출되는 향류식과 병류식의 중간적인 형태, 투입쓰레기의 성상의 변동이 심한 경우 채택
> ④ 2회류식 : 댐퍼(damper)를 이용하여 상부와 하부에서 모두 연소가스가 배출되는 향류식과 병류식의 특성을 모두 겸비한 형태

05. 소각시설 중 통풍장치의 통풍력이 증가되기 위한 조건을 4가지만 쓰시오. (예시 : 비교적 여름보다 겨울에 통풍력이 증가된다. 단, 예시된 내용은 정답에서 제외된다.)

> **해설** ① 굴뚝높이를 증가시킴
> ② 배기가스의 온도를 높임
> ③ 굴뚝의 단면적을 작게 하여 토출속도를 빠르게 함
> ④ 굴뚝 내면을 라이닝(코팅)하여 마찰 및 통풍저항을 적게 함

06. 유동층 소각로의 단점을 5가지 쓰시오.

> **해설** ① 압력손실이 크므로 동력비가 많이 듦
> ② 부하변동에 따른 대응성이 낮음
> ③ 유동매체를 공급해야 하고 폐기물을 파쇄해야 함
> ④ 분진발생율이 높음
> ⑤ 정비시 냉각시간이 필요

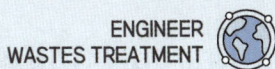

07. 화격자 고온부식은 국부적으로 연소가 심한 장소에서 화격자의 온도가 상승함에 따라 발생한다. 방지대책 2가지를 기술하시오.

해설 ① 온도를 잘 발산할 수 있는 금속재료의 선정
② 내산성이 있는 재료의 선정
③ 금속표면의 온도를 저감
④ 퇴적 혹은 침적된 먼지를 제거
⑤ 먼지의 퇴적이 어려운 구조로 설계
⑥ 부식성 유해가스 제어(농도저감, 연료전환, 공정변경)

08. 유동층 소각로 장점 5가지를 기술하시오.

해설 ① 연소시간이 짧고 미연분이 적어 연소효율이 좋음
② 수분이 많은 슬러지류 등 다양한 성상의 폐기물 소각이 가능
③ 구동부분이 적어 고장이 적음
④ 로 내에서 산성가스의 제거가 가능 (SO_x, NO_x 등)
⑤ 교반력이 좋아 클링커가 발생하지 않음
⑥ 유동 매체의 축열량이 많아 정지 후 가동이 빠름
※ 위 항목 중 5가지 기술

09. 폐열회수용 열교환기의 종류를 쓰시오.

해설 ① 과열기   ② 재열기   ③ 공기예열기   ④ 절탄기

10. 열교환기 부속 장치 중 이코노마이저(절탄기)에 대한 설명이다. 괄호 안에 들어갈 말을 쓰시오.

이코노마이저는 (①)에 설치되며, 보일러 전열면을 통하여 연소가스의 (②)로 보일러 급수를 예열하여 보일러의 효율을 높이는 장치이다.

해설 ① 연도(굴뚝)   ② 잔열(여열)

11. 유기물질로부터 에너지를 회수할 수 있는 방법 3가지를 기술하시오.

> [해설] ① 소각에 의한 열회수
> ② 혐기성 소화에 의한 메탄가스 이용
> ③ 고체연료(RDF) 생산

12. 다이옥신의 제어방법은 선택적 무촉매환원법(SNCR)과 선택적 촉매환원법(SCR)이 있다. 다음 빈칸에 맞는 것을 보기에서 골라 기술하시오.

[보기]
① 초기 90% 정도   ② 30~70%   ③ 850~950℃   ④ 250~400℃
⑤ 백연현상   ⑥ 압력손실이 크다.   ⑦ 거의 없음   ⑧ 제거 가능

구분	SNCR	SCR
저감효율	㉠	㉡
운전온도	㉢	㉣
다이옥신 제어	㉤	㉥
단점	㉦	㉧

> [해설] ㉠ ② 30~70%   ㉡ ① 초기 90% 정도
> ㉢ ③ 850~950℃   ㉣ ④ 250~400℃
> ㉤ ⑦ 거의 없음   ㉥ ⑧ 제거 가능
> ㉦ ⑤ 백연현상   ㉧ ⑥ 압력손실이 크다.

13. 악취제거 방법 3가지를 쓰시오.

> [해설] ① 환기 및 희석   ② 흡착
> ③ 흡수   ④ 응축
> ⑤ 연소   ⑥ 생물학적 처리(바이오필터, 토양탈취법)

14. 쓰레기의 악취발생 원인물질(분자식 포함) 4가지를 쓰시오.

해설 ① 암모니아(NH_3)　　② 황화수소(H_2S)
　　 ③ 메틸메르캅탄(CH_3SH)　　④ 이황화메틸[$(CH_3)_2S_2$]
　　 ⑤ 트리메틸아민[$(CH_3)_3N$]

15. 황성분이 1.5%인 폐기물을 10ton/hr 소각하는 소각로에서 배기가스 중의 SO_2를 $CaCO_3$로 완전히 탈황하는 경우 이론상 하루에 필요한 $CaCO_3$의 양(ton/day)은? (단, 폐기물 중의 S은 모두 SO_2로 전환되며, 소각로의 1일 가동시간은 8시간, Ca 원자량 40)

해설　반응식　$SO_2 + CaCO_3 + 0.5O_2 \rightarrow CaSO_4 + CO_2$
　　　　　　　$22.4m^3$: $100kg$

$$\frac{10ton}{hr} \times \frac{1.5}{100} \times \frac{10^3 kg}{1 ton} \times \frac{22.4m^3}{32kg} \times \frac{8hr}{1day} : X$$

$$\therefore X = \frac{3,750 kg}{day} \times \frac{1 ton}{1,000 kg} = 3.75 ton/day$$

16. 화학적으로 제거되는 반응의 메커니즘을 화학식으로 구분지어 나타내시오. (HCl은 $Ca(OH)_2$로 제거하며, SO_2는 $CaCO_3$로 제거한다.)

해설 ① $2HCl + Ca(OH)_2 \rightarrow CaCl_2 + 2H_2O$
　　 ② $SO_2 + CaCO_3 + 0.5O_2 \rightarrow CaSO_4 + CO_2$

17. 소각처리 시 질소산화물의 발생억제방법 중 연소방법 개선에 의한 방법 3가지를 쓰시오.

해설
- 저과잉공기연소
- 연소부분 냉각
- 버너 및 연소실의 구조개량
- 농담연소
- 연소용 공기 예열온도 조절
- 배출가스 재순환(FGR)
- 2단 연소

18. 유동상 소각로에서 Bed(유동물질)의 특징 5가지를 쓰시오.

> 해설 ① 불활성이다. ② 열 충격에 강하다.
> ③ 융점이 높다. ④ 내마모성이 있다.
> ⑤ 비중이 작다.

19. 다이옥신 저감을 위한 대표적 설비 4가지를 서술하시오.

> 해설 ① 촉매반응탑 ② 흡착탑(활성탄)
> ③ SCR ④ 여과집진기

20. 소각로 내 연소과정에서 배출되는 다이옥신 제거방법 5가지를 기술하시오.

> 해설 • 공급상태 균질화
> • 적당한 연소온도 : 850℃ 이상으로 연소실 온도 유지(1,000℃ 이상 권장)
> • 체류시간 : 2초 이상
> • 충분한 산소농도(6~10% → 보일러 출구기준)
> • 충분한 혼합
> • 연소 시 CO 농도 50ppm 이하 유지
> • 입자이월의 최소화

21. 백필터 분진제거 방법 3가지를 기술하시오.

> 해설 ① 간헐식(역기류식, 진동식)
> ② 펄스제트(Pulse jet) 방식
> ③ 역기류 제트(reverse jet) 방식

22. 활성탄 백필터를 사용하여 다이옥신을 제거할 경우 제거공정의 특징 4가지를 쓰시오.

해설 ① 백필터만 단독으로 사용했을 때 보다 제거효율이 높다.
② 건설비를 줄일 수 있다.
③ 다이옥신과 함께 중금속 등의 흡착도 가능하다.
④ 운전온도 및 체류시간이 짧아 다이옥신 재형성 방지에 유리하다.

23. 열분해 프로세스의 영향인자 6가지를 쓰시오.

해설 ① 온도　　② 가열속도　　③ 체류시간
④ 수분　　⑤ 압력　　⑥ 반응물질의 크기

24. 열분해에 대한 다음 물음에 답하시오.

(1) 열분해의 정의를 간단히 쓰시오.

(2) 열분해장치 3가지를 쓰시오.

(3) 열분해 시 생성물질을 고체, 액체, 기체상물질로 구분하여 쓰시오.

해설 (1) 무산소 또는 공기가 부족한 상태에서 폐기물을 고온으로 가열하여 가스상, 액체상 및 고체상의 연료를 생산하는 공정을 말함

(2) 고정상방식, 유동상방식, 부유상방식

(3) ① 고체 : Char
② 액체 : 식초산, 아세톤, 메탄올, 오일, 타르
③ 기체 : H_2, CH_4, CO

25. 열분해 공정이 소각에 비하여 갖는 장점 3가지를 쓰시오.

해설 ① 발생되는 배기가스량이 적음.
② 황 및 중금속이 회분 속에 고정되는 비율이 큼.
③ 연료생성(온도에 따라 고체, 액체, 기체연료 생산)
④ 오염물질 발생이 거의 없음.

04 CHAPTER 매립(최종처분)

최종처분이란? 폐기물의 마지막 처분과정을 말하며 매립공정을 의미한다. 매립 시에는 폐기물을 중간처분한 뒤 더 이상의 중간처분이 어려울 경우 매립하는 것을 원칙으로 하며 매립 후에 발생하는 침출수 또는 가스발생으로 주변 환경오염의 우려가 없도록 차수시설, 집수시설, 처리시설, 가스소각 및 발전, 연료화 시설을 갖추어야 한다.

UNIT 01 매립지 선정

※ **매립지 선정 시 고려사항**
① 해안매립 : 수심이 얕을 것, 조위의 변화가 작을 것, 침식이 없는 지형, 물질 확산에 영향을 주지 않을 것
② 육상매립 : 집수면적이 작을 것, 지하수 및 지하수맥이 존재하지 않을 것, 경관의 손상이 적을 것, 지질이 안정적일 것

※ **매립지 면적 산출**

$$\boxed{식}\ A = \frac{\forall(매립되는 폐기물 부피)}{H(매립 깊이)} \times \left(1 - \frac{VR(\%)}{100}\right) \times \frac{100}{도랑점유율(\%)}$$

- $\forall = m(질량) \times \dfrac{1}{\rho(밀도)}$
- VR(부피감소율, %) = 압축률(%)

1 육상매립

① **매립의 종류**
㉠ 단순매립 : 단순하게 폐기물을 매립한 후 복토하는 비위생적인 매립형태
㉡ 위생매립 : 일반폐기물 처분에 가장 효과적인 방법으로 매립과 복토가 연속해서 이루어지고, 최종적으로는 매립지를 토지로 이용할 수 있게 매립하는 형태로 매립가스(LFG)의 회수 및 이용이 가능하다.
㉢ 안전매립 : 유해폐기물을 자연계와 완전차단하는 매립형태

💡 **차단형 매립과 관리형 매립**
- 차단형 매립 : 안전매립
- 관리형 매립 : 위생매립

② 입지선정기준

지형	• 충분한 부지확보 가능성 • 토공량	• 복토재의 조달 용이성 • 우수배제 용이도	• 집수면적
수문지질	• 지하수위 • 바닥층 토양특성(연약지반) • 단층지역	• 상수원보호구역 • 습지	• 지하수 용도 • 우수배제 양호성
위치	• 시각적 은폐 • 폐기물 운반거리	• 경관	• 교통
생태	• 수립상태	• 특정동식물 서식	• 생태계 보전지역
토지이용	• 매립지 주변의 주민거주현황 • 지역계획과의 연관성	• 매립 후 부지사용	• 매립지 주변의 토지이용현황
기타	• 주변도로 여건 • 침출수처리를 위한 인근 폐수처리장 유무	• 사후관리 용이도	• 풍향, 풍속 • 수집운반효율

2 해양매립

① 매립의 종류
  ㉠ 순차투입공법 : 제방을 설치하여 육지쪽에서부터 바다쪽으로 순차적으로 매립하거나 호안측에서 순차적으로 매립하는 형식

  〈특징〉
  - 수심이 깊어 처분장에서 건설비 과다로 내수를 배제하기 곤란한 경우 적용하기 좋다.
  - 부유성 쓰레기의 수면확산에 의해 수면부와 육지부의 경계 구분이 어려워 매립장비가 매몰되기도 한다.
  - 수중부에 쓰레기를 고르게 깔고 압축하는 작업이 불가능하며, 완벽한 복토를 실시하기도 어렵다.
  - 바다지반이 연약한 경우 쓰레기 하중으로 연약층이 유동하거나, 국부적으로 두껍게 퇴적하기도 한다.

  ㉡ 수중투기(내수배제)공법 : 외주호안이나 중간제방 등에 의해 고립된 매립시설 내의 해수를 그대로 둔 채 폐기물을 투기하거나 일부만 배수하고 폐기물을 투기하는 방법

  〈특징〉
  - 오염된 내수를 처리해야 한다.
  - 화재대책, 환경보전, 방재대책이 필요하다.
  - 지반개량이 특히 필요한 지역이나 설비가 대규모인 매립지 등에 적합하며 매립지의 조기이용에 유리하다.

  ㉢ 박층뿌림공법 : 바지선에 폐기물을 싣고, 투하지점에서 바지선의 밑면을 개방하여 매립하는 방식

  〈특징〉
  - 쓰레기지반 인진화에 유리하다.
  - 매립효율이 떨어진다.
  - 매립부지의 조기이용에 유리하다.
  - 개량된 지반이 붕괴될 위험성이 있는 경우에 적용한다.

| UNIT | 02 | 매립공법 |

1 샌드위치공법(Sandwich Method)

층층이 폐기물, 복토를 번갈아 가며 쌓는 방식으로 한 층이 일일분의 폐기물이다. 좁은 산간 매립지에 적당하다.

2 셀 공법(Cell Method) : 하나의 셀이 일일분의 폐기물량이며, 하나의 셀 층마다 일일복토를 해야 하고, 한 층이 되면 중간복토 하는 방식이다.

〈특징〉
- 비탈면에 적용할 경우 경사각도는 15~25°이고, 1일 작업하는 셀 크기는 매립처분량에 따라 결정한다.
- 매우 위생적이며, 고밀도 매립이 가능하다.
- 화재 및 확산, 해충을 방지할 수 있다.
- 복토비용 및 유지관리비가 많이 든다.
- 매립층 내 수분, 발생가스의 이동이 억제된다.

3 압축매립공법(Baling Method) : 매립 전 압축 포장하여 하나의 더미(Bale)로 만들어 매립하는 공법이다.

〈특징〉
- 쓰레기의 운반이 쉽다.
- 토지의 지가가 비쌀 경우에 유효한 방법이다. (매립지 소요면적이 적고 매립연한이 증대된다.)
- 매립 각층별로 일일복토를 실시하여야 한다.
- 토지의 안정성이 증대된다.
- 복토의 양이 적게 든다.
- 비용이 많이 소요되고, 중간처리시설이 필요하다.
- 더미(Bale) 취급 시 파손의 주의가 요구된다.

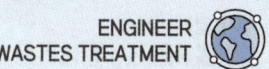

UNIT 03 매립방법

1 지역법 : 폐기물을 좁고 길게 한 열로 펴서 다진 후 복토하는 형식으로 복토량이 많이 소요된다.

2 경사법 : 복토의 일부를 매립지 바닥에서 얻을 수 있을 때 이용하는 방법으로 매립지 바닥을 적당히 굴착하여 복토를 확보한 후 폐기물을 굴착한 곳에 쏟은 뒤 지역법과 동일하게 다지고, 그 위에 굴착하여 놓은 흙으로 복토하는 방식

3 도랑법(Trench method) : 도랑을 파서 폐기물을 매립한 후 굴착한 흙으로 복토하는 방법이다. 매립지 바닥층이 두껍고 복토로 적합한 지역에 이용하며 거의 단층매립만 가능하다.

〈특징〉
- 굴착한 흙을 바로 복토로 사용하여 쓰레기의 날림을 최소화 할 수 있다.
- 사전 작업 시 침출수 수집장치나 차수막 설치가 용이하지 못하다.
- 사전 정비작업이 그다지 필요하지 않으나 매립용량이 낭비된다.

4 계곡매립법 : 저지대가 존재하는 지역에서 이용 가능한 방법으로 첫 층의 매립은 보통 도랑법을 사용하고 그 위로부터는 지역법을 시행하는 방법이다. 복토량이 많이 소요된다.

UNIT 04 구조별 매립

1 혐기성 매립 : 매립된 폐기물에 공기가 유입될 수 없는 혐기적인 구조

2 혐기성 위생매립 : 혐기성 매립에 샌드위치식 복토를 한 구조, 침출수 및 가스 문제가 존재한다.

3 개량형 위생매립(개량형 혐기성 위생매립) : 혐기성 위생매립 바닥저부에 침출수 배제 집수관을 설치한 구조, 가장 보편적인 매립구조

4 준호기성 매립 : 개량형 위생매립 집수관에 대기에 접할 수 있는 개구부가 설치되어 대기중의 산소를 공급받는 구조로 침출수를 가능한 빨리 매립시 외부로 배제시키는 방법이다. 폐기물 분해가 촉진되나 집수장치의 마모문제와 설비로 인한 유지관리비가 비싸다.

5 호기성 매립 : 집수관 외에 공기 송입관을 설치하여 강제로 공기를 불어넣는 구조

UNIT 05 복토

1 일일복토 : 매일 작업종료 후 시행되는 복토로 깊이는 15cm 이상으로 한다.
   ① **목적** : 화재예방, 악취방지, 우수침투 방지, 해충방지, 폐기물 비산방지
   ② **복토의 종류** : 통기성이 우수한 사질토가 적합하다.

2 중간복토 : 매립이 완료되기 전 또는 매립작업이 7일 이상 중단될 때 시행되는 복토로 깊이는 30cm 이상으로 한다. 매립지 가스의 이동과 우수의 침투를 방지한다.
   ① **목적** : 화재예방, 악취방지, 우수침투 방지, 가스이동 억제, 운반차량 통행로 확보
   ② **복토의 종류** : 통기성과 투수성이 낮은 점토가 적합하다.

3 최종복토 : 매립완료 후 최상층에 하는 복토로 토지이용계획에 따라 토질, 두께, 모양이 고려된다. 깊이는 50cm 이상으로 하고, 식재를 위해서는 1.5~2m 정도로 한다. 기울기(구배)가 2% 이상이 되도록 설치한다.
   ① **목적** : 우수침투 방지, 식물생장을 위한 토양제공, 매립가스 유출차단, 해충방지, 침식방지
   ② **복토의 종류** : 투수성이 적고 식생에 적합한 양질토양(loam계)을 사용한다.
   ③ **최종복토층의 분류** : 최종복토층은 필요한 경우 아래의 층들을 차례대로 설치하여야 한다.
      ㉠ **가스배제층** : 두께 30cm 이상 설치
      ㉡ **차단층** : 점토 및 점토광물혼합토로 두께 45cm 이상, 투수계수가 10^{-6}cm/sec 이하 또는 두께 30cm 이상 투수계수 10^{-8}cm/sec 이하
      ㉢ **배수층** : 모래 등으로 두께 30cm 이상 설치
      ㉣ **식생대층** : 두께 60cm 이상 설치

> 💡 **복토재의 구비조건**
> - 투수계수가 낮을 것
> - 위생상 안전할 것
> - 불연성이고, 독성이 없으며, 생분해가 가능할 것
> - 단가가 낮고, 악천후에도 사용이 가능할 것

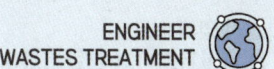

UNIT 06 차수구조

1 저류구조물

저류구조물은 불투수층(암반층)에 수직으로 설치하여 침출수가 매립지 아래로 유출되더라도 지하수나 다른 수계로 이동하지 못하게 하는 역할을 한다.

① **어스댐코어** : 불투수성 토양을 이용하여 댐을 지면에서부터 불투수층(암반층)까지 수직으로 설치하여 침출수의 유출을 방지하는 구조물

장점	단점
비교적 차수효과가 좋다.	투수층이 깊은 곳에 사용하기 어렵다.

② **널말뚝 공법** : 댐을 설치 후 하부의 투수층에서 불투수층까지 널말뚝을 설치하여 침출수를 방지하는 구조물

장점	단점
차수효과가 좋다.	연결부위의 누수의 우려가 있다.

③ **그라우트 공법** : 댐을 설치 후 하부의 투수층에서 불투수층까지 그라우트를 설치하여 침출수를 방지하는 공법

장점	단점
내구성이 좋다.	물유리의 화학적 부식의 우려가 있다.

④ **차수시트 공법** : 차수시트로 매립지 측면과 투수층을 방지하는 공법

장점	단점
차수성이 좋다.	굴착깊이가 깊을 경우 적용하기 어렵다.

2 합성차수막

차수막은 침출수의 외부 유출방지와 지하수와 우수가 유입되는 것을 방지힌다. 차수막의 차수능력은 투수계수가 10^{-7}cm/sec 이하이어야 한다.

① **HDPE, LDPE(고밀도/저밀도 폴리에틸렌)**

장점	단점
• 대부분의 화학물질에 대한 저항성이 크다. • 온도에 대한 저항성이 높다.	굴착 깊이가 깊을 경우 적용하기 어렵다.

② **CSPE(Chlorosulfonated Polyethylene)**

장점	단점
• 미생물에 강하고, 산과 알칼리에 특히 강하다. • 접합이 용이하다.	• 기름, 탄화수소 및 용매류에 약하다. • 강도가 낮은 편이다.

③ EPDM(Etylen Propellent Diane Monomer)

장점	단점
• 강도가 비교적 높은 편이다. • 재료에 함유된 수분량이 적다.	• 방향족 탄화수소, 기름 등 용매류에 약하다. • 접합상태가 양호하지 못하다.

④ BR(Butyl Rubber)

장점	단점
수중에서 부풀어오르는 정도가 적다.	• 강도가 낮고, 접합상태가 양호하지 못하다. • 방향족 탄화수소, 기름 등 용매류에 약하다.

⑤ CPE

장점	단점
• 강도가 크다. • 저온에 강하다. • 내화학성이 양호하다. • 접합이 간편하다.	• 방향족 탄화수소, 기름 등 용매류에 약하다. • 접합상태가 양호하지 못하다. • 균열발생의 우려가 있다.

⑥ PVC

장점	단점
• 시공이 용이하고, 강도가 크다. • 가격이 저렴하다.	• 태양, 자외선, 오존, 기후 등에 약하다. • 기름 등 유기 화합물에 약하다.

⑦ CR(Chloroprene Rubber or Neoprene)

장점	단점
• 대부분 화학물질에 대한 저항성이 크다. • 마모 및 기계적 충격에 강하다.	• 가격이 비싸다. • 접합상태가 양호하지 못하다.

⑧ 지오멤브레인(geomembrane) : 차수재를 복합적으로 조합하여 사용하는 형태로 합성수지만 사용하는 단일 시공과 합성수지와 벤토나이트를 조합하는 혼합시공의 형태로 구분된다.

장점	단점
• 투수계수가 매우 낮다. • 점토차수재보다 시공두께가 얇아 매립용량을 증가시킬 수 있다. • 두루마리식으로 되어 있어 취급이 용이하다.	• 기름, 탄화수소, 용매에 취약하다. • 시공 시 찢어지는 경우가 발생한다. • 자외선

⑨ GCL(Geosynthetic Clay Liner, 합성수지 점토라이너) : 벤토나이트에 합성수지를 부착한 형태

장점	단점
• 두루마리식으로 되어 있어 취급이 용이하다. • 점토차수재보다 시공두께가 얇아 매립용량을 증가시킬 수 있다. • 시공이 간편하다. • 천공되어도 자체 복원능력을 가지고 있다.	지오멤브레인에 비해 투수성이 높다.

⑩ **지오텍스타일(Geotextile)** : 열가소성 소재를 이용하여 직포 또는 부직포형태로 분리, 보강, 필터, 배수 등 다양한 용도로 사용된다.

> 💡 **합성차수막의 분류**
> - 열가소성 : PVC, CPE, HDPE
> - 열경화성 : EPDM
> - 혼합성 : CSPE

3 점토

① **특징**
  ㉠ 액성한계 : 30% 이상
  ㉡ 소성지수 : 10% 이상 30% 미만
  ㉢ 직경 2.5cm 이상인 입자의 함유량 : 0%
  ㉣ 자갈함유량 : 10% 미만
  ※ 가소성(소성) : 물기가 있는 토양에 외부의 힘을 가하여 형체를 변형시킨 다음, 힘을 제거하여도 변형된 그대로의 모양을 유지시키는 성질이다. 점토함량이 증가하면 소성지수가 증가한다.

$$소성지수(PI) = LL - PL$$

- 액성한계(LL) : 토양의 소성을 나타내는 최대의 수분함량
- 소성한계(PL) : 토양의 소성을 나타내는 최소의 수분함량

② **장단점**

장점	단점
• 토양재 중 투수계수가 가장 낮다. • 고유의 흡착성과 양이온교환능력을 가지고 있으므로 침출수 내 오염물질을 자체적으로 정화할 수 있는 특성을 가지고 있다.	• 재료의 취득이 어렵다. • 합성수지에 비해 투수성이 높다. • 지반침하에 대응성이 낮다. • 포설두께가 두껍다.

4 차수설비

① **차수공** : 차수공은 침출수에 대한 오염을 막기 위한 구조물로 차수방법에 따라 연직차수공과 표면치수공으로 분류된다.
② **측구 또는 배수로** : 우수의 배수를 위해 사용하는 설비
③ **유공관** : 침출수를 배수하고 통기를 촉진하는 설비
④ **침출수처리시설** : 배제된 침출수를 처리하는 시설

⑤ 차수막

㉠ 차수막의 종류
- 단일점토차수층 : 침출수 집배수층 – 점토층
- 단일합성차수막 : 침출수 집배수층 – 합성차수막
- 복합차수층 : 침출수 집배수층 – 합성차수막 – 점토층
- 이중차수층 : 침출수 집배수층 – 합성차수막 – 침출수 집배수층 – 합성차수막 – 점토층
- 이중복합차수층 : 침출수집배수층 – 합성차수막 – 점토층 – 침출수 집배수층 – 합성차수막 – 점토층

㉡ 차수막의 파손원인 및 대책

구분	원인	대책
지반침하	쓰레기 침출수의 압력에 의해 지반이 부등침 및 국부적인 대규모 비틀림 발생	치환공 등에 의한 지반개량, 지반다짐
양압력	배면수압에 의한 차수막 파손	지하수 집배수시설 보강
지지력 부족	쓰레기 침출수의 압력에 의해 지반이 부등침 및 국부적인 대규모 비틀림 발생	치환공 등에 의한 지반개량, 지반다짐
지각변동	지진 등에 의한 변동에 따른 단차	지질급변 장소에 비틀림 흡수대책공 시공
돌기물질, 이물질	쓰레기 침출수의 압력에 의해 국부적인 과대 압력 작용	돌출물 제거, 보호 콘크리트 시공

※ 침출수집배수층 : 침출수를 집수 및 이송하고 집수관을 통해서 매립지 내로 공기를 공급함으로써 폐기물의 분해를 촉진하며 침출수의 수질악화를 방지한다. 또한 수압에 의한 구조적인 부하를 줄여주는 기능도 가지고 있다.

> 💡 **침출수 집배수층 설계인자**
>
> 1) 두께 : 최소 30cm 이상
> 2) 투수계수 : 최소 1cm/sec 이상
> 3) 집배수층 재료의 입경 : 10~13mm 또는 16~32mm(대개 자갈을 많이 사용)
> 4) 바닥경사 : 2~4%
> 5) 침출수 집배수층재료와 주변물질의 입경비
>   - $D_{15} / d_{85} < 5$: 침출수 집배수층이 주변물질에 의해 막히지 않기 위한 조건
>   - $D_{15} / d_{15} > 5$: 침출수 집배수층이 충분한 투수성을 유지하기 위한 조건
>   - D : 침출수 집배수층재료의 입경(필터재료)
>   - d : 침출수 집배수층 주변물질의 입경(주변토양)

⑥ 연직차수재
  ㉠ 공법
   • 슬러리월   • 그라우트 커튼   • 스틸시트 파일링
   • 진동빔 차단벽   • 얇은 막벽
  ㉡ 설비 재료
   • 불투수성 토양
   • 파일(시트, 강)
   • 합성수지, 아스팔트
⑦ 표면 및 연직차수의 비교
  ㉠ 표면차수 : 차수재를 이용하여 매립 전 차수재를 먼저 깔고 그 위에 폐기물을 매립하는 방식
  ㉡ 연직차수 : 연직차수재를 이용하여 매립 시 발생하는 침출수를 불투수층 내에서 가두는 방식

비교항목	연직차수공	표면차수공
채용 조건	지중에 암반이나 점토층이 수평으로 존재하는 경우	매립지 지반에 불투수층이 존재하지 않고 지반의 투수계수가 큰 경우
지하수 집배수시설	불필요	필요
차수성의 확인	확인이 어려움	시공 후 시운전시에만 확인가능, 매립시작 후에는 확인이 어려움
경제성	차수공의 단위면적당 공사비는 많이 들고, 총 공사비는 적게 든다.	차수공의 단위면적당 공사비는 적게 들고, 총 공사비는 많이 든다.
보수의 용이성	보강시공이 가능	어려움

UNIT 07 침출수 관리

1 발생원과 영향인자

① 발생원
  ㉠ 우수   ㉡ 지하수   ㉢ 폐기물에 함유된 수분
② 영향인자
  ㉠ 강수량 및 증발량   ㉡ 표면 유출량과 침투수량
  ㉢ 지하수위와 지하수 침투유량 ㉣ 폐기물의 분해율   ㉤ 수분의 지체시간
③ 침출수 성상에 영향을 주는 인자
  ㉠ 폐기물의 성상   ㉡ 매립깊이
  ㉢ 강수량   ㉣ 폐기물 매립방법

④ 침출수량 계산
  ㉠ 합리식 이용

  식 $Q = CIA$
  - C : 유출계수
  - I : 강우강도(mm/hr or day)
  - A : 집수면적(m²)

  ㉡ Darcy식 이용

  식 $Q = A \cdot V$
  식 $V = \dfrac{KI_a}{n}$
  식 $t = \dfrac{L}{V} = \dfrac{d}{\frac{KI}{n}} = \dfrac{d}{\frac{K \times (d+h)/d}{n}} = \dfrac{d^2 n}{K \times (d+h)}$

  - K : 투수계수(m/hr)
  - I_a : 동수경사도(Δh(수두차)/L(d, 거리))
  - $\epsilon(n)$: 공극률
  - h : 침출수 수두

  ㉢ 물질수지 이용
  - 침출수량 = 강수량 − (증발량 + 유출량 + 토양의 수분보유량)
            = 강수량 × (1 − 유출률) + 폐기물의 수분저장량 − 증발량
  - 침출수량 = 강수량 × (1 − 유출률) − (폐기물의 수분저장량 + 증발량) ← 강우량에 따른 수량만을 고려

UNIT 08 매립지 내의 분해가스 발생과 처리

1 폐기물의 분해 메커니즘

① 미생물적 반응
② 폐기물의 화학적 산화
③ 매립물 내에서 가스의 이동 및 방출
④ 압력 차로 인한 액체의 이동
⑤ 물에 의한 유기 및 무기물질의 용해 및 침출과 매립물을 통한 침출액의 이동
⑥ 농도 구배 및 삼투압에 의한 용존 물질의 이동
⑦ 물질의 압밀에 의해 공극 사이로 물질이 침투함으로 인한 불균일한 매립층 침강

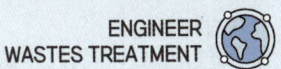

2 매립지 분해단계별 가스조성

① **1단계** : 산소가 아직 존재하는 단계로 매립물 안에 있는 공기로 호기성조건에서 분해가 이루어진다. 수분함량이 많을수록 반응이 빠르게 진행된다. (호기성 단계)
  ㉠ 산소 : 20% 미만, 계속 감소
  ㉡ 질소 : 79% 미만, 계속 감소
  ㉢ 이산화탄소 : 지속적인 증가

② **2단계** : 산소가 고갈되면서 혐기성분해가 진행되고, 유기산 및 수소가스가 생성되는 단계(산생성 단계, 혐기성 비메탄생성 단계)
  ㉠ 산소 : 약 0%
  ㉡ 질소 : 40% 미만, 계속 감소
  ㉢ 이산화탄소 : 40% 이상, 지속적으로 증가
  ㉣ 수소 : 발생, 지속적인 증가
  ㉤ pH : 유기산, 알코올 등이 생성되며 5~6까지 저하된다.

③ **3단계** : 메탄발효시작으로 분해가 안정화되며 메탄생성량이 급속도로 증가한다.(혐기성 메탄생성단계)
  ㉠ 산소 : 약 0%
  ㉡ 질소 : 20% 미만, 계속 감소
  ㉢ 이산화탄소 : 60% 미만, 최고농도에서 지속적인 감소 또는 최고농도까지 도달 후 감소
  ㉣ 수소 : 감소
  ㉤ 메탄 : 지속적인 증가
  ㉥ pH : 유기산이 소모되며 중성영역으로 회복된다.

④ **4단계** : 안정화 단계(완전 혐기성 단계, 정상상태 단계)
  ㉠ 산소 : 0%
  ㉡ 질소 : 5% 미만, 계속 감소
  ㉢ 이산화탄소 : 40% 미만
  ㉣ 수소 : 0%
  ㉤ 메탄 : 55% 이상
  ㉥ pH : 유기산의 대부분이 소모되며 7~8까지 상승한다.

> 💡 **혐기성 분해 반응식**
>
> **반응식** $C_aH_bO_cN_d + \left(\dfrac{4a-b-2c+3d}{4}\right)H_2O \rightarrow \left(\dfrac{4a+b-2c-3d}{8}\right)CH_4 + \left(\dfrac{4a-b+2c+3d}{8}\right)CO_2 + dNH_3$

3 매립가스(LPG)의 관리

① 매립가스의 회수재활용을 위한 조건
   ㉠ 폐기물 속에 약 50% 이상의 분해 가능한 물질이 포함되어야 한다.
   ㉡ 분해 가능한 물질의 실제 분해비율이 50% 이상이어야 한다.
   ㉢ 폐기물 1kg당 $0.37m^3$ 이상의 기체가 생성되어야 한다.
   ㉣ 발생기체의 50% 이상을 포집할 수 있어야 한다.
   ㉤ 기체의 발열량이 $2,200kcal/Sm^3$ 이상이어야 한다.
   ㉥ 가스발생량은 화학양론, BMP(Biological Methane Potential)법, 라이지미터(Lysimeter)를 이용하여 추정한다.

② 매립가스의 이용
   매립가스는 추출관을 통해서 회수된 후 정제과정(수분 제거, 황화수소 제거 등)을 거쳐 난방, 발전, 취사, 자동차 등 다양한 경로의 연료로 사용된다. 매립가스는 폐기물의 압력조절이 용이하고 포집효율이 좋은 수직포집 방식이 주로 적용된다.

UNIT 09 매립지 모니터링 및 관리

1 매립 후 모니터링 : 매립지 완성 후 아래 항목에 대한 주기적인 모니터링이 필수적이다.

① 우수 배제시설의 설치 및 관리
② 침출수 관리 및 처리시설의 가동
③ 발생가스 관리 및 회수·처리
④ 구조물 및 지반의 안정도 관리
⑤ 지하수 오염도 조사
⑥ 주변 환경오염도 조사 및 방역
⑦ 주변 환경영향 종합보고서 작성 등

2 매립 후 환경관리 시설

① **차수시설** : 침출수의 유출방지 및 지하수의 유입방지
② **우수 배제시설** : 우수의 유입방지
③ **침출수 집배수시설** : 침출수의 집수와 배수기능
④ **가스처리시설** : 악취가스처리 및 유용한 가스 회수

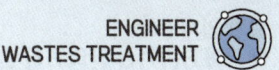

3 매립지 침하의 영향인자

① 초기다짐정도
② 폐기물의 특성
③ 분해정도
④ 압밀의 효과

※ 매립지의 침하에 미치는 영향은 최종침하의 90%가 초기 5년 내에 일어난다. → 초기다짐의 정도가 최종침하량에 많은 영향을 미침(초기다짐률이 높을수록 침하량은 감소)

UNIT 10 토양 및 지하수 2차오염

1 토양 및 지하수 오염의 개요

① 토양오염의 특성
  ㉠ 오염영향의 국지성 : 매체의 특성상 국지적 오염이 나타난다.
  ㉡ 오염경로의 다양성 : 기상, 액상, 고상 등 다양한 물질과 경로로 오염된다.
  ㉢ 피해발현의 완만성(시차성) : 오염물질의 이동이 느려서 오염이 발생한 시점과 오염으로 인한 문제가 발생하는 시점 사이에는 시간차가 존재한다.
  ㉣ 원상복구의 어려움(잔류성) : 오염물질은 토양에서 확산되어 심층으로 퍼지거나, 지하수오염과 연계될 우려가 있어 오염물질의 완전한 제거가 어렵다.
  ㉤ 타 환경인자와의 영향관계의 모호성 : 오염의 기인이 대기오염인지 수질오염인지, 폐기물인지 영향관계를 도출하기가 어렵다.
  ㉥ 오염물질의 축적성(잔류성) : 토양, 지하수, 암석에 잔류하거나 생물농축으로 인한 축적이 존재한다.
  ㉦ 시료채취가 어렵다.
  ㉧ 피해에 대한 보상이 어렵다.
  ㉨ 오염영향의 부지 특이성 : 토지이용에 따라 오염토양에 의한 영향이 달라진다.

② 토양수분
  ㉠ 중력수 : 중력에 의해서 토양입자 사이를 이용하거나 지하로 침투하는 수분, 식물이 직접적으로 이용할 수 있고, 지하수원을 구성한다. 제거하기 가장 쉽다.
  ㉡ 모세관수(모관결합수) : 흡습수의 외부에 표면장력과 중력이 평형을 유지해 존재하는 수분, 식물이 직접적으로 이용할 수 있다. 외력에 의해 제거 가능하다.
  ㉢ 흡습수(부착수) : 토양입자와 물리적으로 흡착한 수분으로 식물이 직접적으로 이용할 수 없고, 가열 또는 건조하면 제거 가능하다.

ⓓ 결합수(화학수) : 토양입자와 화학적으로 결합하여 토양분자 중에 존재하는 수분으로 가열하여도 제거되지 않는다.

※ 제거하기 용이한 순서 : 중력수 > 모세관수 > 흡습수 > 결합수

ⓔ pF : 토양수가 입자에 흡착되어 있는 강도를 수주높이에 상용대수를 취하여 나타낸 지표

$$\text{식] } pF = \log h$$

- h : 수주(cm)

2 토양오염정화기술

(1) 물리·화학적 복원기술

① **토양증기추출법(SVE, ISV) - [in-situ]**

원리	오염된 토양층(불포화층)에 인위적인 가스추출정을 설치하여 토양을 진공상태로 만들어 준 후 송풍기를 이용하여 휘발성 및 반휘발성 오염물질을 흡인하고 흡인된 가스 중 오염물질은 흡착처리(활성탄, 바이오필터 이용)하여 처리하는 지중처리기술(in-situ)입니다.
특징	• 휘발성이 큰 휘발유, 항공유, BTEX에 잘 적용됩니다.(경유, 난방유, 윤활유는 어려움) • 매립지의 가스제거, 지하저장탱크의 누출물질제거, 유해 폐기물 오염지역에 많이 이용됩니다. • 초기에는 제거효율이 좋고, 시간이 지남에 따라 휘발성이 낮은 물질이 잔류하므로 제거효율이 감소합니다.(총 처리시간 예측이 어려움) • 토양의 투수 및 통기가 충분히 확보가능한 경우 적용이 용이합니다. 따라서 입경이 큰 토양일수록 처리효율이 증가합니다.

② **토양세척법(soil washing) - [ex-situ]**

원리	오염된 토양층을 굴착한 후 적절한 세척제를 사용하여 토양입자에 결합되어 있는 유해한 유기오염물질의 표면장력을 약화시키거나 오염물질을 용해하여 순수토양과 분리시켜 처리하는 기술입니다. 세척제로는 물을 많이 사용하고 첨가제로 pH 조절제, 계면활성제, 착화제, 산화제, 응집제 등을 사용합니다.
특징	• 채광공정과 폐수처리공정을 응용하여 개발되었다. • 오염물질이 미세토양에 많이 흡착되어 있는 경우 분리 후 토양의 부피가 현저히 감소된다. • 토양입자와 화학적으로 강하게 결합되지 않은 오염물질은 물리적인 방법으로 쉽게 제거된다. • 유기오염물질, 유류 및 중금속 오염에 적용이 가능하다. • 점토, 암반의 비중이 높아 투수성이 매우 낮은 경우, 수압파쇄를 통해 투수성을 높일 수 있다. • 빠른 시간에 긴급히 처리해야 할 때 유용하게 사용할 수 있다. • 모래에 효과가 크고, 미사에는 부분적 효과, 점토에는 효과가 없다.(미세토양 부식물질의 혼합률 30% 초과 시 비경제적)

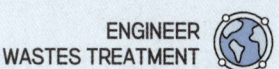

③ 토양세정법(soil flushing) – [in-situ]

원리	오염된 토양층에 관정을 통하여 세정제를 토양 공극 내에 주입함으로써 토양에 흡착된 오염물질을 탈착시켜 통과시킨 후, 통과한 세정액을 지상으로 추출하여 처리하는 기술입니다. 양수된 물은 지상에서 수처리하여 방류합니다. 세정액은 알콜, 착염물질, 산, 염기, 계면활성제 등을 사용합니다.

특징	• 중금속의 처리에 효과가 좋다.
	• 고려대상 인자가 많다.(유기물 함량, 점토함량, 분배계수, 완충능력, CEC, 용해도)
	• 처리대상부지에 상황을 고려하여 알맞은 계면활성제를 선택하여 사용한다.
	  – 양이온 계면활성제 : 음이온을 띠는 입자와 결합 시 토양 내에 공극을 폐쇄하여 세척효율을 감소시킴, 일반적으로 미생물에 독성이 있음
	  – 음이온 계면활성제 : 무독성, 오염물질의 표면장력을 낮추어 분리시키고 오염물질과 마이셀을 형성하여 물에 용해시킴
	  – 비이온 계면활성제 : 친수성 부분이 전하를 띠지 않음, 표면 자체가 전기적 성질을 변화시키지 않음
	  – 양성 계면활성제 : 분자의 계면활성 부분이 양전하와 음전하를 동시에 띠고 있음, 토양 입자체의 전기적 성질을 바꿀 수 있음, pH에 영향을 많이 받음

④ 용제추출법(Solvent Extraction, 용매추출법) – [ex-situ]

원리	오염토양을 굴착하여 추출기로 이동시킨 후 추출기 내에서 용제와 혼합시켜 용해시킨 후 분리기에서 분리하여 처리하는 방법으로 전체적인 오염토양의 부피를 감소시키는 방법입니다. 💡 **장치 구성** 토양 선별 – 추출물질과 혼합 – 액상과 고상의 분리 – 정화된 토양의 처리 – 물정화 및 슬러지 처리
특징	비할로겐, 할로겐 VOCs, 유류의 정화가 가능하다.

⑤ 화학적 산화/환원법 – [in-situ]

원리	산화제/환원제를 오염물질에 접촉시켜 무독성 또는 저독성으로 전환하여 처리하는 방법입니다. 산화제로는 오존, 과산화수소, 펜톤시약, 과망간산, 과황산, 차아염소산, 이산화염소가 주로 사용됩니다.
특징	• 투수성이 높은 토양에 적합합니다.(모세관대, 포화지역) • 시안으로 오염된 토양에 적합합니다. • 토양에 그리스(grease) 성분이 적어야 적용하기 용이합니다. • 염소계 화합물질은 주로 환원으로 처리하나 산화로도 처리가 가능하긴 합니다.

⑥ 투과성 반응벽체(PRBs, Permeable reactive barrier) – [in-situ]

원리	오염지하수에 다양한 물질이 함유된 반응벽체를 설치하거나 벽체에 오염지하수를 통과시켜 여과하여 오염물을 처리하는 방법입니다. 반응벽체의 충진 물질로는 영가철을 포함한 철화합물, 고로 슬래그, 석회석, 제올라이트, 활성탄이 사용되고 그 중 영가철이 주로 사용됩니다.
특징	• 지하수 오염대의 수리학적 흐름을 이용하여 반응매질과 오염물질의 화학적 반응을 유도시켜 오염원을 제거기능 • 비교적 20m 이내의 오염원에 적용이 가능 • 반응벽체의 형태로는 연속형, 유도벽 부착형이 있고, 막힘 현상이 최소화하도록 설계하여야 함 • 반응벽체 체류시간은 최대화하고 반응매체의 사용은 최소화할 수 있게 설계하여야 함 • 반응물질은 유해한 화학반응이나 새로운 오염물질이 형성되지 않는 물질로 사용하여야 함

⑦ 동전기법(동전기정화기법, 전기동력학적 정화기법) – [in-situ]

원리	이온상태의 오염물을 양극과 음극에 전기장에 의하여 이동속도를 촉진시켜 포화 오염토양을 처리하는 방법(전기삼투, 전기영동, 이온이동)

특징	• 이온성 물질에 잘 적용된다.(음이온, 양이온, 중금속)
	• 영향인자
	  – 오염토양 특성 : 토성 및 구조, 공극수의 전기전도도, 수분함량, CEC, 염도, 유기물 함량, pH
	  – 오염물질 특성 : 오염물질의 종류 및 농도, 전하

⑧ 열탈착법 – [ex-situ]

원리	오염된 토양층을 굴착한 후 통제된 환경에서 토양을 가열하여 토양에 흡착된 오염물질을 휘발 및 탈착시키는 지상처리기술입니다. 오염물질에 따라 저온 열탈착(90~350℃)과 중·고온 열탈착(350~800℃)으로 구분됩니다.
특징	• 휘발유, 항공유, 중유, 경유, 난방유, 윤활유, 할로겐, 비할로겐, VOC의 처리에 적용된다. • 가스상 물질의 제거를 위한 2차처리장치가 필요하다.(후처리) • 자갈을 선별하기 위한 선별장치가 필요하다.(전처리) • 열탈착 전 분쇄 및 파쇄과정을 거치게 된다.(전처리) • 유기염소 및 유기인 살충제의 제거가 가능하다. • 탈착속도는 유기물질의 화학적 구성에 큰 영향을 받으며 대개 분자량이 클수록 느리다.

⑨ 원위치 열처리기술 – [in-situ]

원리	토양층에 주입정을 설치하여 고온 또는 중온의 공기나 스팀을 주입하여 오염물질을 휘발시켜 제거하는 방법입니다.
특징	• 생물학적 통풍법이나 토양증기추출법에서 처리가 어려웠던 저농도 물질 제거의 단점을 해결해준다. • 정화시간이 상당히 단축된다.

⑩ 소각법 – [ex-situ]

원리	토양을 굴착 후 산소가 공급되는 조건에서 850℃ 이상의 고온으로 처리하여 유기물질을 소각하여 처리하는 기술입니다.
특징	• 토양의 미생물과 유기물질이 모두 분해된다. • 열탈착법과 매우 유사하다.

⑪ 열분해법 – [ex-situ]

원리	토양을 굴착 후 산소가 없는 혐기성 조건에서 고온으로 처리하여 유기물질을 분해하여 처리하는 기술입니다.
특징	• 토양의 미생물과 유기물질이 모두 분해된다. • 환원성 분위기에서 정화가 이루어진다. • 분해된 유기물질은 가스 및 액체, 고체연료로 전환된다. • 할로겐 및 비할로겐 물질, 유류, VOCs의 정화에 적용된다.

(2) 생물학적 복원기술

① 생물학적 통풍법(Bioventing) - [in-situ]

원리	불포화층의 토양에 흡착되어 있는 오염물질을 미생물을 이용하여 처리하는 방법으로 미생물의 활동성을 증가시키기 위하여 주입정 또는 추출정으로 통하여 공기 또는 영양분을 주입하는 방법입니다. 이 과정에서 휘발성 유기화합물의 제거가 이루어지기도 하지만, 미생물의 활성을 증가시키는 것이 이 공정의 주된 목적입니다.
특징	• SVE와 다르게 휘발을 최소화하고 미생물을 이용하여 유기물을 분해하는 방법이다. • 석유화학물질의 처리에 효과적이다. 특히나 중간무게인 경유나 제트유의 제거에 효과적이다. • 오염물질의 농도가 너무 높은 경우에 미생물에게 독성을 유발하고, 너무 낮은 경우 미생물의 성장속도가 매우 느리게 된다. • SVE에 비해 공기의 흐름을 약 10배 정도 낮게 유지한다. • 불포화지역에 한해서 적용이 가능하다.

② 공기공급법(에어스파징) - [in-situ]

원리	포화층(지하수)에 공기를 공급함으로써 오염물질을 휘발시키고, 휘발된 가스 및 공기방울은 증기추출배관으로 오염물질을 이동시킵니다. 이 과정을 통해 지하수 및 불포화토양을 복원하는 공정입니다.
특징	• 오염물질의 물리적 제거 및 생물학적 제거까지 도모한다. • 공기주입과 추출과정에서 오염물질과 지하수가 확산된다. • 공기 주입에 따른 지하수위의 상승현상이 일어난다. • 투수계수 10^{-3}cm/sec 이상에 적용가능하다.

③ 바이오스파징 - [in-situ]

원리	포화층(지하수)에 있는 미생물을 이용하여 복원하는 방법으로 포화층으로 공기 또는 영양분을 공급하여 미생물의 활성을 증가시켜 오염물질을 제거하는 방법입니다.
특징	• 공기공급법에 비해 휘발을 최대한 억제하고 미생물의 활성을 증가시키는 쪽으로 운전한다. • 오염물질의 확산이 증가할 수 있고 이로 인해 2차오염을 유발할 수 있다. • 투수계수 10^{-3}cm/sec 이하에 적용가능하다.

④ 바이오슬러핑 - [in-situ]

원리	생물학적 통풍법과 토양증기추출법을 적용하여 지하수면에 존재하는 LNAPL를 회수하면서 공기를 주입하는 방법입니다. 생물학적 통풍법과 토양증기추출법, 유류회수의 세 가지 기술의 조합이라 할 수 있습니다.
특징	• 하나의 추출정에 2개의 관을 설치하여 LNAPL과 지하수 및 토양증기를 분리하여 기존의 회수시스템의 낮은 회수효율을 보완하였다. • LNAPL 추출 후에 바이오벤팅공법으로 전환하기 용이하다. • 물과 증기를 동시에 추출하는 단일펌프와 물과 증기를 따로 추출하는 이중펌프시스템으로 구분된다.

⑤ 토양경작법(land farming) - [ex-situ]

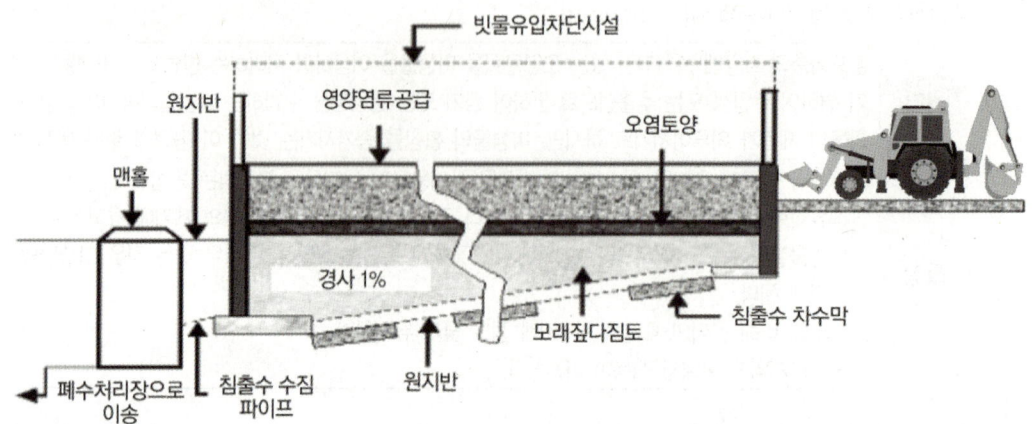

원리	오염토양을 굴착 후 넓게 펴서 공기를 공급하거나 영양분 및 수분을 조절하여 미생물의 활성을 증가시켜 오염물질을 처리하는 방법입니다.
특징	• 분자가 무거울수록 분해율이 더 낮아짐 • 지중처리기술에 비해 처리기간을 단축할 수 있음

⑥ 바이오파일 - [ex-situ]

원리	오염토양을 굴착 후 파일(더미)을 쌓은 후 배관을 파일바닥에 설치하여 공기와 영양물질을 주입하여 미생물의 활성을 극대화시켜 처리하는 방법입니다.
특징	• 토양경작법보다 적은 부지를 소요한다. • 비용이 저렴 • 높은 중금속처리 어려움 • 처리기간이 비교적 짧음 • 다양한 지역조건에 적용가능

⑦ 식물재배 정화법(phytoremediation) - [in-situ]

원리	오염토양에 정화식물을 식재하여 오염물질을 정화하는 방법입니다. 대상토양마다 적합한 식물종이 다르기 때문에 토양환경을 잘 조사하여 적절한 종류를 선택해서 적용해야 합니다. • 식물추출(phytoextraction) : 식물의 뿌리가 오염물질을 흡수하여 줄기, 잎, 목부 등 식물체의 조직 내로 수송하여 제거하는 방법으로 체내에 고농도로 축적시킬 수 있는 축적종을 이용합니다. 중금속이나 방사능 물질의 제거에 사용됩니다. (사용식물 : 인도겨자, 해바라기, 보리) • 식물안정화(phytostabilization) : 비독성 금속의 고정이나 토양개량제의 처리 없이 식물을 재배함으로 뿌리 주변 토양의 pH 변화로 중금속의 산화도를 변경하여 독성 금속을 불활성화시키는 방법입니다. pH의 영향을 받는 중금속 및 탄화수소로의 정화에 사용됩니다. 식물추출 및 식물분해와의 차이점은 식물체내로 오염물질이 흡수되지 않고 오염물질의 처리가 이루어진다는 점입니다. (사용식물 : 포플러나무) • 식물휘발화(phytovolatilization) : 식물이 오염물을 흡수, 대사하여 기체상으로 변환하고 공기로 방출시키는 방법입니다. • 식물변형(phytotrasformation) : 식물의 본체 또는 뿌리에서 오염물질을 덜 해로운 물질로 변환시키는 방법입니다. • 식물분해(phytodegradation) : 식물이 오염물질을 흡수하여 그 안에서 대사에 의해 분해되거나 식물체 밖으로 분비되는 효소 등에 의하여 분해되는 과정을 말합니다. • 근권여과(rhizofiltration) : 식물의 뿌리주변에 축적 또는 식물체로 흡수되며 오염물질을 제거하는 방법입니다. 이 방법은 토양보다 수환경 정화를 대상으로 합니다. • 근권분해(rhizodegradation) : 뿌리부근에서 미생물 군집이 식물체의 도움으로 유기 오염물질을 분해하는 과정입니다. • 수리적 조절(hydraulic control) : 식물에 의하여 환경의 물을 제거함으로서 수용성 오염물질의 이동 및 확산을 차단하는 과정입니다. 지하수 및 수분이 많은 토양을 대상으로 합니다. • 인공습지(constructed wetlands) : 식물을 이용하여 습지를 조성하여 소규모 생태계를 통한 자연정화를 활성화시키는 방법입니다.
특징	• 유류, 할로겐, 중금속, BTEX, 영양염류, 난분해성 물질에 적용가능하다. • 공학기술 및 농업기술이 동원된다. • 식물정화공정에 활용되고 있는 식물 : 해바라기, 계피나무, 포플러, 미루나무, 버드나무 • 정화처리 중 부지접근 및 사용금지의 안내가 필요하다.

⑧ 자연저감법(natural attenuation, MNA) - [in-situ]

원리	오염된 토양이나 지하수가 존재하는 자연상태에서 미생물에 의해 오염물질의 자체적인 분산, 희석, 흡착, 휘발 및 생분해를 통해 오염물이 감소하는 현상을 말합니다. 자연저감법의 적용은 반드시 자연정화를 통해 처리대상 부지의 오염물질 농도가 법적 요구조건을 만족시킬 수 있는 경우에만 적용이 가능합니다. 그렇기에 세부적이고 정기적인 모니터링이 필수적입니다.
특징	• 공법 시행 전과 후의 주기적인 모니터링 • 호기성 미생물(물과 이산화탄소로 분해) 및 혐기성 미생물(메탄 형성, 황산, 질산 환원)에 의해서도 오염물질이 제거된다. ※ 미생물의 전자수용체 우선사용순위 : 산소 > 질산성질소 > 망간산화물 > 황산이온 • 유류 및 할로겐물질, 살충제, 염소계 유기용매, BTEX에 적용가능

CHAPTER 04 매립(최종처분) — 기출문제로 다지기

01. 분자식 $C_{50}H_{100}O_{40}N$을 혐기성 소화에 의해 완전 분해될 때 생성 가능한 메탄발생량(kg/ton)을 계산하시오. (단, 표준상태 기준, 최종산물은 메탄, 이산화탄소, 암모니아)

해설 반응식

$$C_{50}H_{100}O_{40}N + (\frac{4\times50-100-2\times40+3\times1}{4})H_2O$$

$$\rightarrow (\frac{4\times50+100-2\times40-3\times1}{8})CH_4 + (\frac{4\times50-100+2\times40+3\times1}{8})CO_2 + NH_3$$

$$\Rightarrow C_{50}H_{100}O_{40}N + 5.75H_2O \rightarrow 27.125CH_4 + 22.875CO_2 + NH_3$$

반응식 $C_{50}H_{100}O_{40}N : 27.125CH_4$

$1,354\text{kg} : 27.125\times16\text{kg}$

$1\text{ton}\times10^3\text{kg/ton} : X, \quad \therefore X = 320.5\text{kg/ton}$

정답 320.5(kg/ton)

02. $C_{50}H_{100}O_{42}N$으로 이루어진 폐기물이 있다. 이 폐기물 3mol이 분해될 때 생성되는 메탄의 양은 몇 mol인지 그 반응식을 쓰고 계산하여라.

(1) 반응식

(2) 메탄의 양

해설 (1) 반응식

$$C_aH_bO_cN_d + (\frac{4a-b-2c+3d}{4})H_2O$$

$$\rightarrow (\frac{4a+b-2c-3d}{8})CH_4 + (\frac{4a-b+2c+3d}{8})CO_2 + dNH_3 \cdot C_{50}H_{100}O_{42}N + (\frac{4\times50-100-2\times42+3\times1}{4})H_2O$$

$$\rightarrow (\frac{4\times50+100-2\times42-3\times1}{8})CH_4 + (\frac{4\times50-100+2\times42+3\times1}{8})CO_2 + NH_3$$

$$\Rightarrow C_{50}H_{100}O_{42}N + 4.75H_2O$$

$$\rightarrow 26.625CH_4 + 23.375CO_2 + NH_3$$

(2) 메탄의 양

반응식 $C_{50}H_{100}O_{42}N + 4.75H_2O \rightarrow 26.625CH_4 + 23.375CO_2 + NH_3$

1mol : 26.625mol

3mol : Xmol

$\therefore X(=CH_4) = 79.875 mol$

03. 다음 조건의 관리형 매립지에서 침출수의 통과 년 수를 계산하시오.

> 【조건】
> - 점토층 두께 : 1m
> - 투수계수 : 10^{-7}cm/sec
> - 기타 조건은 고려하지 않음
> - 유효공극률 : 0.3
> - 점토층 상부에 고인 침출수 수두 : 50cm

해설 **식** 차수층 통과시간(t)

$$= \frac{L}{V} = \frac{d}{\frac{KI}{n}} = \frac{d}{\frac{K \times (d+h)/d}{n}} = \frac{d^2 n}{K \times (d+h)}$$

- d : 차수층의 두께 $= 1m$
- H : 침출수 수두 $= 50cm = 0.5m$
- n : 유효공극률 $= 0.3$

$$t = \frac{\sec}{10^{-7}\text{cm}} \times \frac{1day}{86400\sec} \times \frac{1year}{365day} \times \frac{100cm}{1m} \times \frac{(1m)^2 \times 0.3}{(1+0.5)m}$$

$t = 6.3419 ≒ 6.34$년

정답 6.34년

---

04. 침출수량의 영향인자 5가지를 기술하시오.

해설
① 강수량 및 증발량
② 표면 유출량과 침투수량
③ 지하수위와 지하수 침투유량
④ 폐기물의 분해율
⑤ 수분의 지체시간

---

05. 차수시설의 종류에는 연직차수막과 표면차수막이 있다. 연직차수막 공법의 종류를 4가지 쓰고, 차수설비에 사용되는 재료를 3가지 쓰시오.

(1) 연직차수막 공법

(2) 차수설비 재료

해설 (1) 연직차수막 공법
① 슬러리월 ② 그라우트 커튼
③ 스틸시트 파일링 ④ 진동빔 차단벽
⑤ 얇은 막벽
(2) 차수설비 재료
① 불투수성 토양 ② 파일(시트, 강)
③ 합성수지, 아스팔트

06. 해안 매립의 공법 3가지를 쓰시오.

해설 ① 수중투기(내수배제)공법 : 외주호안이나 중간제방 등에 의해 고립된 매립시설 내의 해수를 그대로 둔 채 폐기물을 투기하거나 일부만 배수하고 폐기물을 투기하는 방법
② 순차투입공법 : 제방을 설치하여 육지쪽에서부터 바다쪽으로 순차적으로 매립하거나 호안측에서 순차적으로 매립하는 형식
③ 박층뿌림공법 : 바지선에 폐기물을 싣고, 투하지점에서 바지선의 밑면을 개방하여 매립하는 방식

07. 1일 쓰레기 발생량이 1ton인 도시의 쓰레기를 깊이 2.5m의 도랑식(Trench)으로 매립하고자 한다. 쓰레기 밀도 500kg/m³, 도랑 점유율 60%, 압축율이 30%일 경우 1년간 필요한 부지면적(m²)을 계산하시오.

해설 식 $A(부지면적) = \dfrac{매립폐기물량(kg)}{폐기물 밀도(kg/m^3) \times 매립깊이(m)}$

・ 폐기물량(kg) $= \dfrac{1 \text{ton}}{\text{day}} \times \dfrac{365 \text{day}}{1 \text{year}} \times \dfrac{1,000 \text{kg}}{1 \text{ton}} = 365,000 \text{kg/year}$

・ VR(부피감소율) $= \left(\dfrac{V_1 - V_2}{V_1}\right) \times 100 = \left(\dfrac{100 - 70}{100}\right) \times 100 = 30\%$ (부피감소율 = 압축률)

08. 합성차수막의 재료 5가지를 쓰시오.

해설 ① 고밀도 폴리에틸렌(HDPE, LDPE) ② CSPE
③ EPDM ④ BR
⑤ CPE ⑥ PVC
⑦ CR

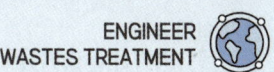

09. 1일 쓰레기의 발생량이 100톤인 지역에서 트렌치 방식으로 매립장을 계획한다면 3년간 필요한 토지 면적(m^2)을 구하시오. (단, 도랑의 깊이는 2.5m이고, 매립에 따른 쓰레기의 부피 감소율은 70%, 매립 전 쓰레기의 밀도는 0.5ton/m^3이다.)

[해설] [식] 매립지 면적(m^2) = $\dfrac{\text{폐기물의 부피}(m^3)}{\text{폐기물의 깊이}(m)}$

- 폐기물의 부피 = $\dfrac{100\text{톤}}{\text{day}} \times \dfrac{m^3}{0.5\text{톤}} \times 3\text{year} \times \dfrac{365\text{day}}{1\text{year}} = 219,000m^3$

  매립지면적 = $\dfrac{219,000m^3 \times (100-70)/100}{2.5m} = 26,280m^2$

[정답] $26,280m^2$

10. 인구 2천만 명이 거주하는 도시를 위한 위생쓰레기 매립지를 계획할 때, 매립지의 수명을 10년으로 하고 복토량은 부피비로 폐기물 : 복토비율이 5:1이 되게 할 때 매립용량(m^3/year)이 어느 정도 되어야 하는지 계산하시오. (단, 매립 후 쓰레기의 밀도는 450kg/m^3, 1인 1일 쓰레기 발생량은 1.15kg/인·일)

[해설] [식] 매립용량(m^3/year) = $\dfrac{\text{폐기물 발생량}(kg/y)}{\text{밀도}(kg/m^3)} \times \dfrac{\text{복토} + \text{폐기물}}{\text{폐기물}}$

- 폐기물 발생량 = $\dfrac{1.15kg}{\text{인} \times \text{일}} \times 20,000,000\text{인} \times \dfrac{365\text{일}}{1\text{년}} \times 10\text{년}$

  $= 8.395 \times 10^{10}kg$

  $\therefore \forall = 8.395 \times 10^{10}kg \times \dfrac{m^3}{450kg} \times \dfrac{6}{5} = 223,866,666.7m^3$

[정답] $223,866,666.7m^3$

11. 인구가 400,000명인 어느 도시의 쓰레기 배출 원단위가 1.2kg/인·일이고, 밀도는 0.45ton/m^3으로 측정되었다. 이러한 쓰레기를 분쇄하여 그 용적이 2/3로 되었으며, 이 분쇄된 쓰레기를 다시 압축하면서 또다시 1/3 용적이 축소되었다. 분쇄만 하여 매립할 때와 분쇄, 압축한 후에 매립할 때에 양자 간의 연간 매립소요면적(m^2)의 차이를 계산하시오. (단, Trench 깊이는 4m이며 기타 조건은 고려하지 않는다.)

[해설] [식] 매립소요면적의 차 = A_1(분쇄후소요면적) - A_2(분쇄 및 압축후소요면적)

[식] 매립소요면적 = $\dfrac{\text{폐기물부피}(m^3/year)}{\text{매립깊이}(m)}$

- 폐기물 부피(분쇄) = $\dfrac{1.2kg}{\text{인}\cdot\text{일}} \times 400,000\text{인} \times \dfrac{365\text{일}}{1year} \times \dfrac{1\text{톤}}{10^3 kg} \times \dfrac{1m^3}{0.45\text{톤}} \times \dfrac{2}{3} = 259,555.5556 m^2/year$

- 폐기물 부피(분쇄+압축) = $259,555.5556 \times \left(1 - \dfrac{1}{3}\right) = 173,037.0371 m^2/year$

  $\therefore$ 매립소요면적의 차 = $\dfrac{259,555.5556}{4} - \dfrac{173,037.0371}{4} = 21,629.63 m^2/year$

12. 연직차수막과 표면차수막을 비교한 내용이다. 다음 빈칸을 채우시오.

구분	연직차수막	표면차수막
채용 조건	①	②
지하수 집배수시설	불필요	필요
차수성 확인	지하에 배설되므로 확인이 어렵다.	시공 시에는 육안으로 차수성을 확인할 수 있으나 매립이 진행된 후에는 확인하기 어렵다.
경제성	③	④
보수	보강시공이 비교적 가능하다.	매립 전에는 보수가 가능하나 매립 후에는 어렵다.

해설 ① 지중에 암반이나 점토층이 수평으로 존재하는 경우
② 매립지 지반에 불투수층이 존재하지 않고 지반의 투수계수가 큰 경우
③ 차수공의 단위면적당 공사비는 많이 드나 총 공사비는 적게 듦
④ 차수공의 단위면적당 공사비는 적게 드나 총 공사비는 많이 듦

13. 당일복토재의 양(m^3)과 전체 매립량(폐기물+복토재)의 몇 %에 해당하는지 계산하시오.

조건
- 폭(앞면) = 10m
- 매립량 = 20ton/day
- 경사 = 2 : 1(층높이 1)
- 셀형태의 매립
- 복토는 3면(윗면, 앞면(경사), 옆면(경사))에서 실시
- 층의 높이 = 3m
- 밀도 = 300kg/m^3
- 당일복토두께 = 15cm
- 셀은 평면육면체

해설 **식** 복토재 소요량 = (셀의 앞 면적(경사)+셀의 윗 면적+셀의 옆 면적(경사))×복토두께
- 셀의 옆 면적(경사) = 셀의 길이×셀의 빗변길이 = $2.2222m \times 6.7082m = 14.9069m^2$
- 셀의 윗 면적 = 셀의 폭×셀의 길이 = $10m \times 2.2222m = 22.222m^2$
  - 셀의 길이 = $20톤 \times \frac{1m^3}{0.3톤} \times \frac{1}{(10m \times 3m)} = 2.2222m$
  - 셀의 빗변길이 = $\sqrt{3^2+6^2} = 6.7082m$
  - 셀의 앞 면적(경사) = 셀의 폭 × 셀의 빗면 길이 = $10m \times 6.7082m = 67.082m^2$

복토재 소요량 = $(67.082+22.222+14.9069) \times 0.15 = 15.6316m^3$

∴ $\frac{당일 복토재}{전체 매립량} \times 100 = \frac{15.6316m^3/day}{\frac{20톤}{day} \times \frac{m^3}{0.3톤}+15.6316m^3/day} \times 100 = 18.99\%$

정답 18.99%

14. 침출수에 함유되어 있는 수은 5mg/L를 활성탄 흡착법으로 처리하여 0.05mg/L로 방류하고자 한다. 이때 소요되는 활성탄 흡착제의 양(mg/L)을 계산하시오. (단, Freundlich 식, k=0.5, n=1)

해설 식 $\dfrac{X}{M} = K \times C^{\frac{1}{n}}$

- X(흡착된 용질의 양) $= 5 - 0.05 = 4.95 mg/L$
- C(유출농도) $= 0.05 mg/L$

$\dfrac{4.95}{M} = 0.5 \times 0.05^{\frac{1}{1}}$

$M = 198 mg/L$

정답 198mg/L

15. 매립에서 최종복토의 목적 5가지를 쓰시오.

해설 ① 우수침투 방지 ② 식물생장을 위한 토양제공
③ 매립가스의 유출차단 ④ 해충 방지
⑤ 침식 방지

16. 매립구조에 의한 매립종류(5가지)를 기술하시오.

해설 ① 혐기성 매립 ② 혐기성 위생매립
③ 개량형 혐기성 위생매립 ④ 준호기성 매립
⑤ 호기성 매립

17. Trench법으로 도시폐기물을 매립하고자 한다. 이 Trench의 크기는 400,000m³이다. 발생되는 폐기물의 밀도가 0.5ton/m³이고, 인구 25,000명의 1인 1일 배출량이 1.7kg이며 이 쓰레기의 매립에 따른 부피 감소율이 40%, 도랑의 깊이는 6m일 때, 이 Trench의 사용가능일수(day)와 매립 소요면적(m²)을 구하시오.

(1) Trench의 사용가능일수(day)

(2) 매립 소요면적(m²)

해설 (1) Trench의 사용가능일수(day)

식 매립기간(day) = $\dfrac{\text{trench 용적(m}^3\text{)}}{\text{쓰레기 발생량(m}^3/\text{day)}}$

- trench 용적(m³) = 400,000m³
- 쓰레기 발생량(m³/day) = $\dfrac{1.7\text{kg}}{\text{인}\cdot\text{일}} \times 25{,}000\text{인} \times \dfrac{1\text{톤}}{10^3\text{kg}} \times \dfrac{1\text{일}}{0.5\text{톤}} \times \dfrac{100-40}{100} = 51\text{m}^3/\text{day}$

∴ 매립기간 = $\dfrac{400{,}000}{51} = 7{,}843.14\,\text{day}$

정답 7,843.14day

(2) 매립 소요면적(m²)

식 매립 소요면적(m²) = 폐기물 발생량(m^3/day) × 매립기간 × $\dfrac{1}{\text{높이}(m)}$

∴ 매립 소요면적(m²) = $51 \times 7{,}843.14 \times \dfrac{1}{6} = 66666.69\,\text{m}^2$

정답 66,666.69m²

18. 매립에 의한 환경오염을 최소화하기 위한 주요시설물의 종류를 3가지 쓰고 간단히 설명하시오.

해설 ① 차수시설 : 침출수의 유출방지 및 지하수의 유입방지
② 우수 배제시설 : 우수의 유입방지
③ 침출수 집배수시설 : 침출수의 집수와 배수기능
④ 가스처리시설 : 악취가스처리 및 유용한 가스 회수

19. 매립지 선정 시 고려해야 할 사항 4가지를 기술하시오.

해설 ① 지형 ② 수문지질 ③ 위치
④ 생태 ⑤ 토지이용 ⑥ 사후관리 용이도

20. 매립지에서는 여러 가지의 가스가 발생된다. 이 중 4가지를 쓰시오.

해설 ① CO_2 ② CH_4 ③ H_2S ④ H_2 ⑤ NH_3

21. 토양의 정화 및 복구기술의 종류 4가지를 기술하시오.

해설 ① 생물학적 통풍법 ② 토양증기추출법
③ 토양세척법 ④ 동전기법
⑤ 공기공급법 ⑥ 토양경작법

22. 매립지 완성 후 주기적으로 모니터링을 해야 할 사항 5가지를 기술하시오.

해설 ① 우수 배제시설의 설치 및 관리
② 침출수 관리 및 처리시설의 가동
③ 발생가스 관리 및 회수·처리
④ 구조물 및 지반의 안정도 관리
⑤ 지하수 오염도 조사
⑥ 주변 환경오염도 조사 및 방역
⑦ 주변 환경영향 종합보고서 작성 등
※ 위 항목 중 5가지 기술

23. 표면차수막의 파손원인 및 대책에 대하여 3가지를 기술하시오.

해설 (1) 지반침하
　　① 파손원인 : 쓰레기 침출수의 압력에 의해 지반이 부등침 및 국부적인 대규모 비틀림 발생
　　② 대책 : 치환공 등에 의한 지반개량, 지반다짐
(2) 양압력
　　① 파손원인 : 배면수압에 의한 차수막 파손
　　② 대책 : 지하수 집배수시설 보강
(3) 지지력 부족
　　① 파손원인 : 쓰레기 침출수의 압력에 의해 지반이 부등침 및 국부적인 대규모 비틀림 발생
　　② 대책 : 치환공 등에 의한 지반개량, 지반다짐
(4) 지각변동
　　① 파손원인 : 지진 등에 의한 변동에 따른 단차
　　② 대책 : 지질급변 장소에 비틀림 흡수대책공 시공
(5) 돌기물질, 이물질
　　① 파손원인 : 쓰레기 침출수의 압력에 의해 국부적인 과대 압력 작용
　　② 대책 : 돌출물 제거, 보호 콘크리트 시공

24. 인구 1천만 명이 거주하는 도시를 위한 위생쓰레기 매립지를 계획할 때, 매립지의 수명을 10년으로 하고 복토량은 부피비로 폐기물 : 복토비율이 5:1이 되게 할 때 매립용량(m^3/year)이 어느 정도 되어야 하는지 계산하시오. (단, 매립 후 쓰레기의 밀도는 500kg/m^3, 1인 1일 쓰레기 발생량은 1.15kg/인·일)

해설 식 매립용량(m^3/year) = $\dfrac{\text{폐기물 발생량(kg/y)}}{\text{밀도(kg/}m^3)} \times \dfrac{\text{복토+폐기물}}{\text{폐기물}}$

- 폐기물 발생량 = $\dfrac{1.15\text{kg}}{\text{인·일}} \times 10,000,000\text{인} \times \dfrac{365\text{일}}{1\text{년}} \times 10\text{년} ⊨ 4.1975 \times 10^{10}$ kg

∴ $\forall = 4.1975 \times 10^{10}\text{kg} \times \dfrac{m^3}{500\text{kg}} \times \dfrac{6}{5} = 100,740,000 m^3$

정답 100,740,000m^3

PART 2

제 2 편
과년도 필답형
기출문제

2022년 제1회 산업기사 필답형

01. 소각공정의 완전연소 조건인 3T에 대해 서술하시오.

02. 매립지 조기 안정화를 위한 효율적인 운영방법 3가지를 쓰시오.

03. 합성차수막의 재료 6가지를 쓰시오.

04. 전과정평가(LCA) 구성요소 4가지를 쓰시오.

05. 열분해 시 생성물질을 기체, 액체, 고체상물질로 구분하여 쓰시오. (상(狀) 별로 2가지씩 기입하시오.)

06. 건조 전 시료 10g, 건조 후 시료가 9g이고, 강열감량 81.1%일 때 휘발성 고형물의 농도(%)를 구하시오.

07. 액상, 반고상, 고상폐기물에 대하여 설명하시오.

08. 다음 〈보기〉를 이용하여 누출되는 침출수의 일일발생량(m^3/day)을 구하시오.

보기
• 전체면적 : 1.2ha   • 유출계수 : 0.7
• I(mm/hr)= $\dfrac{5,000}{t+40}$ • 유입시간 : 5분
• 유하거리 1,500m, 유속 1.2m/sec   • 전체 침출수 발생량 중 누출되는 양 : 5%

09. 〈보기〉의 폐기물 수거방법을 MHT 값이 큰 것부터 작은 것 순으로 나열하시오.

보기
㉠ 집안고정식   ㉡ 집밖고정식
㉢ 벽면부착식   ㉣ 집안이동식
㉤ 집밖이동식

10. 빈칸에 들어갈 알맞은 말을 쓰시오.

구분	단순 매립지	위생 매립지	안전 매립지
차수막			
복토재			
침출수 배수설비			

11. 쓰레기를 소각했을 때 남은 재의 중량은 쓰레기의 30%이다. 쓰레기 10ton을 태웠을 때 남은 재의 부피가 5.5m³이다. 재의 밀도 (kg/m³)를 구하시오.

12. 고형폐기물을 매립 처리할 때 $C_6H_{12}O_6$ 성분 1톤(ton)의 폐기물이 혐기성 분해할 때 최대 탄산가스 발생량(m³)을 구하시오.

13. 유입되는 유기성 폐기물이 30ton/day일 경우 하루에 생성되는 가스량(m³/day)을 구하시오.

조건

1. 도시폐기물 중 유기성분의 수분함량 : 30%
2. 휘발성 고형물, VS = 0.85×TS(총 고형물)
3. 생분해 가능한 휘발성 고형물, BVS = 0.70×VS
4. 예상 BVS 전환율 : 90%
5. 가스 발생량 : 0.5m³/kg·BVS

14. 인구가 3만명인 도시의 쓰레기 배출량이 1kg/인·일이다. 이 쓰레기를 도랑식(Trench)으로 매립하고자 한다. 압축 시에는 그 용적이 2/3로 될 때 이 도시의 1년간 매립지 소요면적을 구하시오. (단, 쓰레기 밀도: 0.5ton/m^3, Trench의 깊이: 5m, Trench의 깊이 중 복토층 두께: 1m, 쓰레기는 압축 후 매립하는 것으로 한다.)

15. 공기비가 클 경우 소각로에서 발생하는 문제점 3가지를 쓰시오.

16. 고형물(TS) 6톤, 비중이 1.2, 함수율이 95%인 슬러지의 부피(m^3)를 구하시오.

17. Worrell과 Rietema의 선별효율식을 쓰시오.

18. 실내의 CO_2 농도가 0.05%일 때 이를 $CO_2(mg/m^3)$으로 환산하시오.

2022년 제2회 산업기사 필답형

01. 폐기물 소각로의 종류 3가지를 쓰시오.

02. 소각로에서 소각재를 대상으로 측정하는 강열감량의 정의와 특징을 각각 서술하시오.

(1) 정의

(2) 특징

03. 철(Fe)과 황화수소(H_2S)가 반응하면 검은색 피막이 형성된다. 이때의 반응식을 쓰시오.

04. 플라스틱(Plastic) 폐기물의 소각 시 문제점 3가지를 쓰시오.

05. 6가 크롬을 $FeSO_4$로 응집침전 시 반응식을 완성하시오.

반응식 2(①) + $6H_2SO_4$ + $6FeSO_4$ + $3Ca(OH)_2$ → 2(③) + $CaSO_4$ + $3Fe(OH)_3$ + $8H_2O$

제거 과정

환원제 투입   pH 조정제
Cr^{6+} → (②) → (③) → 방류

06. 소각로에서 발생하는 고온부식의 방지대책 2가지를 쓰시오.

07. 퇴비화 공정을 4단계로 구분하고 각 단계별 특징을 서술하시오.

08. 화씨온도와 섭씨온도가 같아지는 온도를 구하시오.

09. 혼합기체의 1L의 무게는 10g이고 온도는 100℃일 때, 압력(atm)을 구하시오. (단, 기체상수(R)는 0.082atm · L/mol · K이며 이상기체 기준이다.)

혼합기체의 조성
조성(무게기준) : 질소 50%, 산소 50%

10. 탄소 10kg 연소 시 이론공기량(kg)을 구하시오.

11. 매립지 지반침하에 영향을 미치는 요인 3가지를 쓰시오.

12. 폐기물의 분자식이 $C_{30}H_{50}O20N_2S$일 때, 폐기물의 열량(kcal/kg)을 구하시오. (단, Dulong식을 이용)

13. 트롬멜 스크린 영향 인자 4가지를 쓰시오.

14. 침출수에 함유되어 있는 수은 5mg/L를 활성탄 흡착법으로 처리하여 0.05mg/L로 방류하고자 한다. 이때 소요되는 활성탄 흡착제의 양(mg/L)을 계산하시오. (단, Freundlich 식, k=0.5, n=1)

15. 도시에서 평균적으로 수거에 이용되는 차량은 5대이고 폐기물량이 많을 경우 최대 7대까지 이용된다. 수거차량의 적재용량은 5m³, 일일 수거횟수는 8회일 때, 평균 수거량(톤/월)과 첨두율을 구하시오. (단, 폐기물의 밀도는 750kg/m³, 월 수거일수는 23일)

   (1) 평균 수거량(톤/월)

   (2) 첨두율

16. 밀도 350kg/m³인 쓰레기 1ton을 압축한 후의 밀도가 760kg/m³일 때, 부피감소율(%)을 구하시오.

17. 도시의 쓰레기 배출량이 50톤/일이다. 이 쓰레기를 도랑식(Trench)으로 매립하고자 한다. 압축 시에는 그 용적이 2/3로 될 때 이 도시의 1년간 매립지 소요면적을 구하시오. (단, 쓰레기 밀도: 0.5ton/m³, Trench의 깊이: 5m, Trench의 깊이 중 복토층 두께: 1m, 쓰레기는 압축 후 매립하는 것으로 한다.)

18. Rosin-Rammler모델은 폐기물 파쇄시 폐기물의 입자크기 분포에 관한 모델식이다. 폐기물 80% 이상을 4cm보다 작게 파쇄할 때 특성입자의 크기(X_o, cm)를 산정하시오. (단, n=1)

2020년 제3회 기사 필답형

01. 아래 오염물질의 제거과정을 화학반응식으로 나타내시오.

1) HCl은 Ca(OH)$_2$로 제거

2) SO$_2$는 CaCO$_3$로 제거

02. 강열감량에 대해 서술하시오.

03. 유해폐기물을 처리하는 고형화 처리방법 3가지를 쓰시오.

04. 발생 쓰레기 밀도 300kg/m^3, 차량적재용량 11m^3, 압축비 2.0, 발생량 1.2kg/인·일, 차량적재함 이용률 90%, 차량수 1대, 수거 대상인구 100,000명, 수거인부 5명의 조건에서 차량을 운행할 때 쓰레기 수거는 일주일에 최소 몇 회 이상 하여야 하는가?

05. 쓰레기 매립장에서 발생하는 침출수의 BOD농도가 3,000mg/L이다. 1차 혐기성 소화시설의 처리효율이 80%, 2차 폭기시설 처리효율이 50%라면 최종 방류수의 농도를 30mg/L 이하로 유지하기 위한 3차 약품처리시설의 효율(%)은 얼마 이상이어야 하는가?

06. 열분해 공정이 소각에 비하여 갖는 장점 3가지를 쓰시오.

07. 쓰레기 발생량 예측방법 3가지를 기술하시오.

08. 파쇄에 앞서 폐기물 100톤/hr 중 유리 8%를 회수하기 위해 트롬멜 스크린으로 선별하였다. 회수율과 선별효율을 Rietema식과 Worrell식으로 구하시오.

> 보기
> • 회수되는 폐기물의 양 : 10톤/hr
> • 회수되는 폐기물 중 유리의 양 : 7.2톤/hr

09. 함수율 95%인 슬러지를 함수율 90%로 농축하였을 때 부피변화율(%)을 구하시오.

10. 소각로의 연소실내에서 연소가스와 폐기물의 흐름에 따라 운전조작방식을 구분할 수 있다. 연소가스와 폐기물의 흐름에 따른 4가지 운전조작방식을 쓰시오.

2021년 제4회 기사 필답형

01. 함수율 15%인 건조 슬러지 1kg를 완전연소할 때 이론공기량(kg)과 고위발열량(Dulong, kcal/kg)을 구하시오. (단, 슬러지의 분자식은 $C_5H_7O_2N$이다.)

(1) 이론공기량(kg)

(2) 고위발열량(kcal/kg)

02. 1,000kg의 폐수에 유리산(H_2SO_4) 5%와 결합산($FeSO_4$) 13%가 함유되어 있다. 중화하는데 필요한 5% NaOH의 양(kg)을 구하시오. (단, Na의 원자량은 23, Fe의 원자량은 56이다.)

03. 다이옥신 제거 방법 중 로 내 제어방법 4가지를 쓰시오.

04. 아래 빈칸을 완성하시오.

구분	일반소각시설	고온소각시설
바닥재의 강열감량	(　　　)% 이하	(　　　)% 이하
연소가스체류시간	(　　　)초 이상	(　　　)초 이상
소각온도	(　　　)도 이상	(　　　)도 이상

05. 함수율 80%인 슬러지 1kg을 건조시켜 함수율 20%인 슬러지를 만들었다면 톤당 제거해야 할 수분의 양(kg)을 구하시오.

06. 다음 환경 용어의 정의를 쓰시오.

(1) 종량제

(2) NIMBY

(3) 예치금제도

07. 1일 쓰레기 발생량이 1.2ton인 도시의 쓰레기를 깊이 2.5m의 도랑식(Trench)으로 매립하고자 한다. 쓰레기 밀도 500kg/m³, 도랑 점유율 60%, 압축율 35%일 경우 1년간 필요한 부지면적(m²)을 계산하시오.

08. 다음은 소각로에서 적용하는 중요한 공식이다. (   ) 안에 알맞은 용어를 쓰시오.

> 식 화격자 소각로의 연소율 = 처리할 쓰레기량 / (   )

09. 침출수에 함유되어 있는 수은 1.3mg/L를 활성탄 흡착법으로 처리하여 0.01mg/L로 방류하고자 한다. 이때 소요되는 활성탄 흡착제의 양(mg/L)을 계산하시오. (단, Freundlich 식, k=0.5, n=1)

10. 인구 600,000명에 1인당 하루 1.3kg의 쓰레기를 배출하는 지역에 면적이 280km^{2}의 매립장을 건설하려고 한다. 강우량이 150mm/hr인 경우 시간당 침출수 발생량(톤/hr)은? (단, 강우량 중 60%는 증발되고 40%만 침출수로 발생된다고 가정한다. 침출수 비중은 1, 1ha=10,000m^2)

11. 인구가 400,000명인 어느 도시의 쓰레기 배출 원단위가 1.2kg/인·일이고, 밀도는 0.45ton/m^{3}으로 측정되었다. 이러한 쓰레기를 분쇄하여 그 용적이 2/3로 되었으며, 이 분쇄된 쓰레기를 다시 압축하면서 또다시 1/3 용적이 축소되었다. 분쇄만 하여 매립할 때와 분쇄, 압축한 후에 매립할 때에 양자 간의 연간 매립소요용적(m^3)의 차이를 계산하시오. (단, Trench 깊이는 4m이며 기타 조건은 고려하지 않는다.)

12. 유해폐기물 고화처리 시 흔히 사용하는 지표인 혼합률(MR)은 고화제 첨가량과 폐기물 양과의 중량비로 정의된다. 고화처리 전 폐기물의 밀도가 1.11ton/m³, 처리 후 폐기물의 밀도가 1.22ton/m³이라면 혼합률(MR)이 0.3일 때 고화 처리된 폐기물의 부피변화율(VCF)을 계산하시오.

13. 탄소, 수소 및 황의 중량비가 83%, 14%, 3%인 폐유 100kg/hr을 소각시키는 경우 공기비가 1.5였다면 매시 필요한 실제공기량(Sm³/hr)을 계산하시오.

14. 폐기물 소화에 관련된 내용 중 아래 빈칸에 알맞은 말을 쓰시오.

(1) 혐기성 소화온도
- (　　) 소화 : 30~40℃
- (　　) 소화 : 50~60℃

(2) 호기성 산화(분해)시 충분한 산소가 공급되면 온도가 (　　)한다.
(3) 유기물 분해 시 생성되는 (　　)이(가) 촉매작용을 한다.
(4) 중금속이 함유된 폐기물은 최종 퇴비화 후 중금속 농도가 (　　)한다.

15. 중금속계 유해폐기물 전환방식과 분리방식에 알맞은 방법(처리)을 각각 3가지씩 쓰시오.

(1) 전환방식

(2) 분리방식

16. 완성된 퇴비의 특징 3가지를 쓰시오.

17. 황산알루미늄 등과 같은 알루미늄 염을 주로 사용하는 이유를 3가지 쓰시오.

18. 분뇨처리시설의 호기성 소화 시 운전 순서를 올바르게 나열하시오.

> **보기**
>
> ㉠ 가온 장치 작동 체크
> ㉡ 30℃로 가온, 소화 운전 시작
> ㉢ 소화조 탱크 배관에 물을 채워 누수를 확인한다.
> ㉣ 분뇨 및 슬러지 투입
> ㉤ 가스 생성물, pH, 온도 등을 확인하여 소화상태 확인

UNIT 05 2022년 제1회 기사 필답형

01. 소각과 열분해 정의를 쓰시오.

(1) 소각

(2) 열분해

02. 스토카식 소각로의 열부하가 20,000kcal/m³·hr이며, 폐기물의 저위발열량이 2,333kcal/kg일 때 소각로의 부피를 구하시오. (단, 폐기물의 소각량은 1일 5톤이며, 소각로 가동시간은 1일 10시간 가동기준이다.)

03. 유해폐기물에 함유된 6가 크롬의 대표적 형태 2가지를 쓰시오.

04. 수분함량이 90%인 슬러지를 수분함량 70%로 낮추기 위해 톱밥을 첨가하였다면 슬러지 톤당 소요되는 톱밥의 양(ton)은? (단, 비중 1.0, 톱밥의 수분함량 20%라 가정한다)

05. 지름 0.3m, 길이 4m인 원통형 백필터를 사용하여 먼지 농도 $10g/m^3$인 배기가스를 $600m^3$/min로 처리한다. 이 때 필요한 백필터의 수를 구하시오. (단, 여과속도는 1.2cm/sec이다.)

06. 폐기물을 고형화 처리하는 목적과 적용 대상 폐기물의 성상을 각각 3가지씩 기술하시오.

  (1) 고형화(고화처리)의 목적

  (2) 적용 대상 폐기물의 성상

07. 인구 30만명인 도시의 폐기물 발생량은 2.5kg/인·일이고, 수거인부 250명이 1일 10시간 작업 시 MHT(man·hr/ton)는?

08. 다이옥신의 제어방법은 선택적 무촉매환원법(SNCR)과 선택적 촉매환원법(SCR)이 있다. 다음 빈칸에 맞는 것을 〈보기〉에서 골라 기술하시오.

보기
① 초기 90% 정도   ② 30~70%   ③ 850~950℃   ④ 250~400℃
⑤ 백연현상   ⑥ 압력손실이 크다.   ⑦ 거의 없음   ⑧ 제거 가능

구분	SNCR	SCR
저감효율	㉠	㉡
운전온도	㉢	㉣
다이옥신 제어	㉤	㉥
단점	㉦	㉧

09. 쓰레기 발생량 조사방법 3가지를 쓰시오.

10. 침출수 집배수층 설계인자에 대해 설명하시오.

(1) $D_{15}/d_{85} < 5$

(2) $D_{15}/d_{15} > 5$

11. 폐기물 선별 방법 6가지를 쓰시오.

12. 연소가스 10,000m³/hr으로 시간당 PVC 10kg를 소각 시 발생하는 HCl의 농도(ppm)를 구하시오. (단, PVC의 분자식은 $CH_2=CHCl$이며 표준상태 기준)

13. 매립지 혐기성 소화 각 단계의 명칭에 대해 쓰시오.

14. Bio-SRF에서 회수 가능한 금속성분 3가지를 쓰시오.

15. 폐목재와 폐지, 톱밥을 혼합하여 RDF를 제조하려고 한다. 혼합폐기물의 가연분 함량(%)을 구하시오. (단, 혼합폐기물 중 각 폐기물의 함량은 폐목재 : 50%, 폐지 : 30%, 톱밥 : 20%이다.)

> 폐기물의 3성분
> - 폐목재 : 70%(가연분), 20%(회분), 10%(수분)
> - 폐지 : 80%(가연분), 15%(회분), 5%(수분)
> - 톱밥 : 85%(가연분), 10%(회분), 5%(수분)

16. 다음 〈보기〉를 보고 빈칸에 들어갈 알맞은 용어를 고르시오.

> 보기
> MBT, SRF, Eddy-current separation, EPR

(1) 기계적-생물학적 처리시스템 : (　　)
(2) 가연분함량이 높은 폐기물을 선별하여 만든 고형 연료 : (　　)
(3) 알루미늄, 캔 등을 선별 회수하는 방법 : (　　)
(4) 생산자 책임 재활용 제도 : (　　)

17. 매립 시 파쇄처리의 장점 3가지를 쓰시오.

18. 인구가 30만명인 도시의 쓰레기 배출량이 1kg/인·일이다. 이 쓰레기를 도랑식(Trench)으로 매립하고자 한다. 압축 시에는 그 용적이 2/3로 되고, 또한 쓰레기를 분쇄할 때 용적 1/2로 축소될 때, 이 도시의 1년간 매립지 소요면적을 구하시오. (단, 쓰레기 밀도: 0.5ton/m³, Trench의 깊이: 5m, Trench의 깊이 중 복토층 두께: 1m, 쓰레기는 압축 후 분쇄하여 매립하는 것으로 한다.)

UNIT 06 2022년 제2회 기사 필답형

01. 유동상 소각로 유동매체의 구비조건 4가지를 쓰시오.

02. 분뇨와 슬러지의 구성 성분이 다음 표와 같다. 무게비 1:1로 혼합시 C/N비는 얼마인가?

구분	함수율	총 고형물 중 유기탄소량	총 질소량
분뇨	90%	40	20
슬러지	80%	70	15

03. 활성탄 백필터를 사용하여 다이옥신을 제거할 경우 제거공정의 특징을 4가지 쓰시오.

04. 폐기물 1kg의 조성을 분석한 결과 고형물 60%(C : 23%, H : 14%, O : 17%, S : 5%, N : 1%), 수분 31%, 회분 10%이었다. 폐기물을 연소시킬 때 필요한 이론공기량을 무게(kg/kg)와 부피(m^3/kg) 기준으로 계산하시오.

05. 혐기성소화와 관련하여 아래의 빈칸을 채우시오.

① 1단계 : 가수분해단계로 고분자물질을 (   )물질로 전환한다.
② 2단계 : (   )단계로 가수분해된 유기물질을 유기산으로 전환한다.
③ 3단계 : (   )단계로 산물질이 메탄균에 의해 메탄이 생성되는 단계이다.
④ 4단계 : 정상상태단계로 (   )와(과) (   )가스가 일정하게 배출된다.

06. 하루에 $C_6H_{12}O_6$ 10톤을 혐기성으로 완전분해 시 생성될 수 있는 이론적 CH_4의 양(ton/day)은?

07. 차수시설의 종류에는 연직차수막과 표면차수막이 있다. 연직차수막 공법의 종류를 3가지 쓰시오.

08. 빈칸에 알맞은 과정을 쓰고, 각 공정의 방법을 2가지씩 쓰시오.

슬러지 발생 – 농축 – (   ) – (   ) – 탈수 – 건조 – (   ) – 처분

09. 6가 크롬 농도가 20mg/L인 폐수 20m³를 FeSO₄로 응집침전 시에 필요한 FeSO₄(kg)의 양을 구하시오. (단, Cr의 원자량은 52, Fe의 원자량은 56)

> **반응식** 2H₂CrO₄ + 6H₂SO₄ + 6FeSO₄ + 3Ca(OH)₂ → 2Cr(OH)₃ + CaSO₄ + 3Fe(OH)₃ + 8H₂O

10. 투입량이 2ton/hr이고, 회수량이 1.5ton/hr(그 중 회수대상물질은 1.4ton/hr)이며 제거량은 0.5ton/hr(그 중 회수대상물질은 100kg/hr)일 때 Worrell식 및 Rietema식에 의한 선별효율을 각각 계산하시오.

(1) Worrell식에 의한 선별효율

(2) Rietema식에 의한 선별효율

11. 연소가스 냉각설비의 종류 2가지를 쓰시오.

12. 쓰레기를 소각했을 때 남은 재의 중량은 쓰레기의 30%이다. 쓰레기 10ton을 태웠을 때 남은 재의 부피가 2.5m³이다. 재의 밀도(kg/m³)를 구하시오.

13. 소각로에서 적용되는 통풍의 종류 4가지를 쓰시오.

14. 수분 30%, 고형물 70%, 강열감량 65%일 때 유기물 함량을 구하시오.

15. 퇴비화 최적조건 3가지를 쓰시오.

16. 어느 도시의 1주일 쓰레기 수거상황이 다음과 같다면 1일 쓰레기 발생량(kg/인·일)을 구하시오.

- 수거대상인구 : 200,000명
- 수거용적 : 4,500m³
- 적재 시 밀도 : 500kg/m³

17. 함수율 95%의 슬러지를 하루에 50m³씩 소화시킬 때, 이 호기성 소화조의 용적(m³)과 유기물 부하율(kgVS/m³·day)을 구하시오. (단, 슬러지 고형물 중 무기물 비율은 40%이고, 슬러지의 비중은 1.0, 소화조 저장기간은 20day이다.)

18. 매립에서 최종복토의 목적 4가지를 쓰시오.

2022년 제4회 기사 필답형

01. 한 도시에서 매일 300ton의 폐기물이 발생한다. 밀도는 650kg/m³이며, 압축으로 인한 부피 감소율은 40%, 매립 깊이는 1.5m, 도랑점유율은 70%일 때, 1년간 필요한 매립지 소요 부지면적(m²)을 구하시오.

02. 파쇄 시 발생하는 문제점 2가지와 대책을 쓰시오.
    (1) 문제점

    (2) 대책

03. 매립지 차수방법은 연직차수막과 표면차수막이 있다. 그림을 그려서 설명하시오.
    (1) 연직차수막

(2) 표면차수막

04. 압축 전 부피 V_i, 압축 후 부피 V_f가 있다. CR을 VR의 함수로써 표현하시오.

05. 폐열회수에 이용되는 열교환기 종류 3가지를 쓰시오.

06. 분지량이 C_xH_y인 탄화수소가 있다. 다음과 같이 반응한다.

$C + O_2 \rightarrow CO_2$
$H_2 + 0.5O_2 \rightarrow H_2O$

이 탄화수소가 1Sm³가 연소하는 데 필요한 이론공기량(Sm³)을 구하시오.

07. 다음은 C/N에 대한 설명이다. 물음에 답하시오.

> (1) 퇴비화를 위한 적정 C/N 수치는?
> (2) C/N가 높으면 나타나는 특징을 서술하시오.
> (3) C/N가 낮으면 나타나는 특징을 서술하시오.

08. 매일 200ton씩 폐기물이 투입되는 소각로가 있다. 다음과 같은 조건이 주어졌을 때, 해당 소각로의 용적(m^3)과 평균 로고(m)를 구하시오.

> 조건
> - 화격자면적 = 42.05m^2
> - 이론공기량 = 1.8Sm^3/kg폐기물
> - 공기예열온도 = 210℃
> - 저위발열량 = 1,000kcal/kg폐기물
> - 열부하율 = 12.5×10^4kcal/m^3 · hr
> - 공기비 = 2.4
> - 공기정압비열 = 0.319kcal/Sm^3 · ℃
> - 연속소각이며 표준상태이다.

09. 해안 매립공법 중 박층뿌림공법에 대해 설명하시오.

10. 메탄올 1kg를 연소하려고 한다. 다음을 구하시오. (단, 표준상태 기준)

(1) 이론산소량(m^3)

(2) 이론공기량(m³)

　　(3) 이론습연소가스량(m³)

11. 고형화 처리 방법 중 자가 시멘트법의 장단점 2가지씩 서술하시오.

12. 폐기물 발열량 측정법 3가지를 쓰시오.

13. 다음은 혐기성 소화 반응식이다. a, b, c 등은 상수이다. ⓐ를 알맞은 상수로서 표현하시오.

> 반응식 $C_aH_bO_cN_d \rightarrow nC_wH_xO_yN_z + mCH_4 + $ ⓐ $CO_2 + rH_2O + (d-nz)NH_3$

14. 고형물 함량이 60%인 폐기물을 건조하여, 수분함량을 20%로 만들었다. 건조 후 폐기물 중량을 건조 전 폐기물 중량에 대해서 몇 %인가?

15. 농도가 높은 폐유기용제(할로겐계)를 처리할 수 있는 방법 3가지를 쓰시오.

16. 매립지 침출수 성상에 영향을 주는 인자 4가지를 쓰시오.

17. 고형물 중 VS함량이 94%인 폐기물의 생물 분해성 분율(%)을 구하시오. (단, 해당 폐기물의 리그닌 함량은 21.9%이다.)

18. 벽돌로 구성된 소각로 벽체의 각 벽돌 두께, 열전도율은 다음과 같다.

- 내화벽돌 230mm, 0.104kcal/m · hr · ℃
- 단열벽돌 114mm, 0.0595kcal/m · hr · ℃
- 보통벽돌 210mm, 1.04kcal/m · hr · ℃

내벽온도 800℃, 열전달속도 175kcal/hr · m²인 경우, 외벽온도(℃)는?

2023년 제1회 기사 필답형

01. 유기성 폐기물 20kg을 혐기성 소화 시 배출되는 가스의 체적(L)을 구하시오.

> [조건]
> 1. 유기성폐기물 중 유기성분의 수분함량 : 20%
> 2. 휘발성 고형물, VS=0.7×TS(총 고형물)
> 3. 생분해 가능한 휘발성 고형물, BVS=0.5×VS
> 4. 예상 BVS 전환율 : 90%
> 5. 가스 발생량 : 300L/kg · BVS

02. 글루코스($C_6H_{12}O_6$) 1kg을 호기성 산화 시 이론적으로 필요한 산소량(kg)을 구하시오.

03. 열분해 공정이 소각에 비하여 갖는 장점 5가지를 쓰시오.

04. 열가소성 플라스틱법의 특징 4가지를 쓰시오.

05. 전과정평가(LCA)의 구성요소 4가지를 서술하시오.

06. 폐기물의 발생량 예측방법 3가지를 쓰시오.

07. 유해폐기물을 처리하는 고형화(안정화) 처리방법 4가지를 쓰시오. (단, 예시는 제외 - 열가소성플라스틱법)

08. 해안 매립의 공법 3가지를 쓰시오.

09. 함수율 20%인 건조 슬러지 2kg를 완전연소할 때 이론공기량(kg)을 구하시오. (단, 슬러지의 분자식은 $C_5H_7O_2N$이다.)

10. 총괄열전달계수가 25kcal/m² · hr · ℃인 열교환기를 이용하여 연소가스가 650℃에서 250℃로 냉각되면서 150톤/hr의 급수를 50℃에서 150℃로 예열시키고자 할 경우, 예열기의 전열면적(m²)을 구하시오. (단, 물의 비열 = 1kcal/kg · ℃, 가스와 물흐름 방향은 같다.)

11. 80% 함수율(습윤량기준)을 가진 도시폐기물을 함수율 40%로 건조시키면 폐기물 100kg당 증발되는 수분량은 몇 kg인지 계산하시오.(단, 비중은 1.0)

12. 폐기물의 입도분포를 분석하여 D10은 0.08mm, D30은 0.17mm, D50은 0.51mm, D60은 0.57mm, D90은 2.00mm와 같은 결과를 얻었다. 이 폐기물의 유효경과 균등계수(Cu)를 구하시오.

13. 질소산화물(NOx) 처리공정을 순서대로 나열하시오.

보기
- ㉠ 후드
- ㉡ 송풍기
- ㉢ 여과집진기(BF)
- ㉣ 선택적촉매환원법(SCR)
- ㉤ 덕트

14. 아래 보기에 제시된 물질에 맞는 폐기물 선별방법을 각각 쓰시오. (예시 – 모래/자갈 : 체선별)

보기
- ㉠ 용해성중금속
- ㉡ 철성분
- ㉢ 플라스틱/고무류
- ㉣ 종이/플라스틱
- ㉤ 색유리
- ㉥ 비철금속

15. 유해폐기물이 1차 반응식에 따라 감소할 경우 반감기(hr)는? (단, 1차 속도상수 0.0665/hr)

16. 아래 물질들의 반응식을 완성하시오.

(1) HCl + Ca(OH)$_2$

(2) HCl + NH$_3$

(3) SO$_2$ + CaCO$_3$

17. 투입량이 2ton/hr이고, 회수량이 0.8ton/hr(그중 회수대상물질은 0.6ton/hr)이며 제거량 1.2ton/hr(그 중 회수대상물질은 100kg/hr)일 때 Worrell식 및 Rietema식에 의한 선별효율을 각각 계산하시오.

(가) Worrell식에 의한 선별효율

(나) Rietema식에 의한 선별효율

18. 아래 보기는 매립지 침출수와 관련된 설명이다. 알맞은 말을 넣어 빈칸을 완성하시오.

보기

- 침출수량의 대부분은 (①)에 따라 결정된다.
- 침출수는 매립초기에는 (②)이나 시간이 경과함에 따라 (③)을 나타낸다.
- 온도가 높아짐에 따라 pH는 (④)지고, pH가 (⑤)수록 중금속 용출가능성이 커진다.
- COD는 매립경과연수가 증가함에 따라 COD/TOC의 비는 점진적으로 (⑥)하는 경향이 있다.

19. 어느 지역의 조성식을 살펴보니 $C_{30}H_{50}O_{10}H_2S \cdot 20H_2O$이다. 이 쓰레기의 저위발열량(kcal/kg)을 Dulong 식으로 산정하여라.

20. 연소가스 500m³/hr으로 시간당 클로로벤젠 45kg를 소각 시 발생하는 HCl의 농도(%)를 구하시오. (단, 클로로벤젠의 분자식은 C_6H_5Cl이며 표준상태 기준)

UNIT 09 2023년 제2회 기사 필답형

01. 고위발열량이 9,500kcal/Sm³인 메탄(CH_4)을 연소시킬 때 이론연소온도(℃)를 구하시오. (단, 이론습연소가스량 10Sm³/Sm³, 연소가스의 정압비열 0.38kcal/Sm³·℃, 연소용 공기, 연료온도 15℃, 공기는 예열하지 않으며, 연소가스는 해리되지 않음)

02. 다음 조건의 관리형 매립지에서 침출수의 통과 년 수를 계산하시오.

> 조건
> - 점토층 두께 : 90cm
> - 투수계수 : 10^{-7}cm/sec
> - 기타 조건은 고려하지 않음
> - 유효공극률 : 0.25
> - 점토층 상부에 고인 침출수 수두 : 30cm

03. 도시를 위한 위생쓰레기 매립지를 계획하려고 한다. 매립지 용량을 230,000,000m³으로 하고 복토량은 부피비로 폐기물 : 복토비율이 4:1이 되게 할 때, 위생매립지 사용년수(year)는 어느 정도 되어야 하는지 계산하시오. (단, 매립 후 쓰레기의 밀도는 600kg/m³, 1인 1일 쓰레기 발생량은 1.3kg/인·일)

04. 고형물의 농도가 80kg/m³인 농축슬러지를 200m³/day 유량으로 탈수시키려 한다. 고형물 중량에 대해 25%의 소석회를 넣으면(이때 첨가된 소석회의 50%가 고형물이 된다.) 15kg/m²·hr의 여과속도 및 함수율 70%의 탈수 Cake가 얻어진다. 탈수기의 하루 운전시간은 8시간이고 Cake의 비중은 1.0일 때 다음 물음에 답하시오.

(가) 최소 여과면적(m²)을 계산하시오.

(나) 탈수 Cake의 양(ton/day)을 계산하시오.

05. RDF의 구비조건 3가지를 쓰시오.

06. 유기성 폐기물을 1,134kg을 호기적으로 산화시키는데 필요한 산소량(kg)을 계산하시오.

> **초기화학식** $[C_6H_7O_2(OH)_3]_7$의 최종안정화산물은 $[C_6H_7O_2(OH)_3]_3$이며 안정화 후 남아있는 양은 486kg이다.
> $$C_aH_bO_cN_d + 0.5(ny + 2s + r - c)O_2 \rightarrow nC_wH_xO_yN_z + sCO_2 + rH_2O + (d + nz)NH_3$$
> • $r = 0.5(b - nx - 3(d-nz))$, $s = a - nw$

07. 파쇄처리의 장점을 3가지만 쓰시오.

08. 소각로의 연소실내에서 연소가스와 폐기물의 흐름에 따라 운전조작방식을 구분할 수 있다. 역류식(향류식) 적용의 폐기물의 특징을 병류식과 비교하여 서술하시오.

09. 혼합폐기물의 총 발열량(kcal/kg)은?

구분	함량(%)	발열량(kcal/kg)
폐기물 A	40	1,700
폐기물 B	35	1,200
폐기물 C	25	1,400

10. 빈칸에 알맞은 말을 쓰시오.

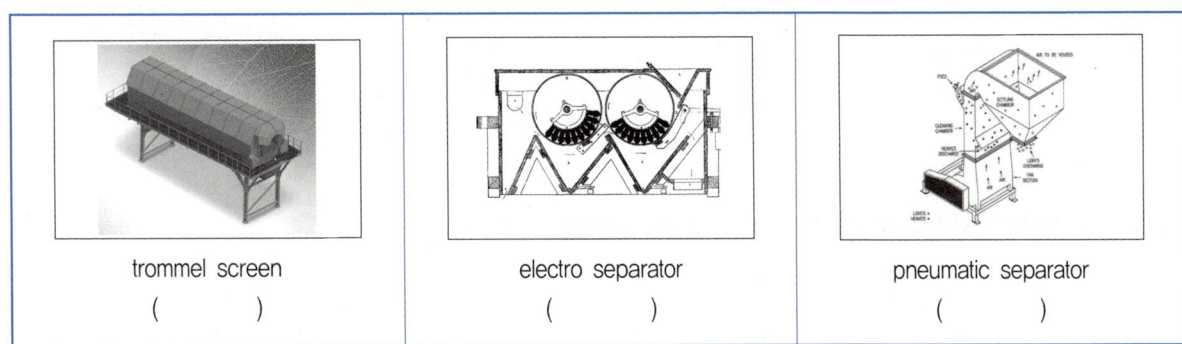

trommel screen ( )   electro separator ( )   pneumatic separator ( )

11. 가연분 $C_6H_{10}O_5$ 38%, 수분 42%, 회분 20%로 구성된 폐기물 1kg 연소 시 필요한 이론공기량(Sm^3/kg)을 구하시오.

[풀이]
$C_6H_{10}O_5 + 6O_2 \rightarrow 6CO_2 + 5H_2O$

$O_o = \dfrac{0.38}{162} \times 6 \times 22.4 = 0.3152 \ Sm^3/kg$

$A_o = \dfrac{O_o}{0.21} = \dfrac{0.3152}{0.21} = 1.501 \ Sm^3/kg$

12. 유기성 폐기물이 10ton일 경우 회수될 수 있는 메탄양(m^3) 및 금전적 가치(원)를 산정하시오. (단, 금전적 가치는 정수로 표기하시오.)

【조건】
1. 도시폐기물 중 유기성분의 수분함량 : 30%
2. 고형물 체류시간 : 30일
3. 휘발성 고형물, VS = 0.85×TS(총 고형물)
4. 생분해 가능한 휘발성 고형물, BVS = 0.70×VS
5. 예상 BVS 전환율 : 90%
6. 가스 발생량 : $0.5 m^3/kg \cdot BVS$
7. 가스 에너지 함량 : $5,250 kcal/m^3$
8. 에너지 가치 : $5,500원/10^5 kcal$

13. 폐알칼리를 중화시키는 물질을 모두 고르시오. (보기 미복원)

14. 소각 시 발생되는 폐열회수에 이용되는 열교환기 종류 3가지를 쓰시오.

15. 평균 입경이 10cm인 폐기물을 입경 1cm가 되도록 파쇄할 때 소요되는 에너지는 입경을 2cm로 파쇄할 때 소요되는 에너지의 몇 배인지 계산하시오. (단, Kick의 법칙을 적용, n = 1)

16. 청소상태의 평가법 2가지에 대해 설명하시오.
   1) USI
   2) CEI

17. 쓰레기 발생량 조사방법 3가지를 쓰시오.

18. 아래 표를 이용하여 누출되는 침출수의 발생량(m^3/sec)을 구하시오.

- 전체면적 : 100,000m^2
- 유출계수 : 0.75
- I(mm/hr) = $\dfrac{5,000}{t+40}$
- 유입시간 : 360초
- 유하거리 : 500m, 유속 0.3m/sec

19. 조건에 맞는 유해폐기물을 〈보기〉 중에서 고르시오.

(1) pH 2 이하 : (   )
(2) 기름성분을 5퍼센트 이상 함유한 것 : (   )
(3) 수분함량이 95퍼센트 미만이거나 고형물함량이 5퍼센트 이상인 것 : (   )

〈보기〉
폐산, 폐유기용제, 폐합성 고분자화합물, 오니류, 폐유, 폐알칼리

20. 열분해 공정이 소각에 비하여 갖는 장점 3가지를 쓰시오.

UNIT 10 2023년 제4회 기사 필답형

01. 다음 펜톤산화의 과정을 순서대로 나열하고 사용되는 약품 2가지를 쓰시오.

> ㉠ pH를 3~5로 맞춘다.
> ㉡ 약품을 넣는다.
> ㉢ pH 중화한다.
> ㉣ 침전물 분리한다.

(1) 처리순서

(2) 사용되는 약품 2가지

02. 점토의 수분함량과 관계되는 지표 3가지를 쓰시오.

03. 용출시험 시 특성 인자에 대한 내용으로 아래 빈칸을 완성하시오.

> 보기
> • 시료와 용매의 혼합비율(W/V) – (   )
> • 진탕횟수 : (   )회/분
> • 진탕기 진폭 : (   )cm
> • 진탕시간 : 6시간 연속

04. BOD/COD < 0.1, 매립 10년 이상인 매립지에서 발생되는 침출수 처리에 적합한 공정을 쓰시오.

05. Rosin-Rammler모델은 폐기물 파쇄시 폐기물의 입자크기분포에 관한 모델식이다. 폐기물 90% 이상을 3.8cm보다 작게 파쇄할 때 특성입자의 크기(X_o, cm)를 산정하시오. (단, n=1)

06. "A"시의 쓰레기를 매립장까지 운반하는데 소요되는 운반비용은 3,000원/km·톤이다. 그런데 중간에 적환장을 설치하여 운반하면 적환장으로부터 매립장까지의 운반비용이 2,000원/km·톤이다. 적환장 설치 전후의 비용이 같아지는 적환장의 설치위치는 쓰레기 발생지점으로부터 몇 킬로미터 지점인가? (단, 적환장의 관리비용은 위치에 관계없이 톤당 700원, 쓰레기 발생지점부터 매립장까지의 거리 20km, 설치비용 등 기타 조건은 고려하지 않음.)

07. 인구 60,000명 도시의 하루 쓰레기 발생량은 2.5kg/인이고 수거차량의 적재용량은 8톤, 적재 쓰레기의 밀도는 450kg/m³, 수거차량의 쓰레기 적재율은 95%, 매립깊이는 4m이다. 아래 물음에 답하시오.

(1) 수거된 폐기물의 부피(m^3/일)를 구하시오.
(2) 쓰레기 운반에 필요한 수거차량수를 계산하시오.
(3) 연간 매립면적(m^2/년)을 구하시오.

08. 평균 발열량이 8,000kcal/kg인 폐기물을 소각하여 그 지역난방에 필요한 열에너지를 얻고자 한다. 이때 지역난방에 필요한 난방수 200톤을 얻기 위하여 필요한 전열면적(m^2)은? (단, 보일러의 효율은 65%, 보일러 급수온도는 20℃, 보일러 배출수 온도 90℃, 전열기 연소량은 200kg/m^2, 물의 비열은 1kcal/kg·℃이다.)

09. 지정폐기물의 각 항목별 정의에 대해 괄호에 알맞은 수치를 쓰시오.

(1) 폐산 – pH ( ) 이하
(2) 폐알칼리 – pH ( ) 이상
(3) 폐유 : 기름성분을 ( ) 퍼센트 이상 함유한 것을 포함한다.
(4) 슬러지류(오니류) : 수분함량이 ( ) 퍼센트 미만이거나 고형물 함량이 ( ) 퍼센트 이상인 것으로 한정한다.

10. 뷰틸렌 1m^3 연소 시 이론공기량(m^3/m^3)을 구하시오.

11. 유동층 연소장치의 장점 3가지를 쓰시오.

12. 다이옥신의 제어방법과 관련된 용어의 의미를 쓰시오.

(1) QC/SD
(2) BF
(3) GH
(4) SCR
(5) A/C

13. 유독물 처리 시 적용되는 흡착제의 특성 3가지를 쓰시오.

14. 매립지 완성 후 모니터링 항목 4가지를 쓰시오.

15. 유입되는 유기성 폐기물이 30ton/day일 경우 하루에 생성되는 가스량(m^3/day)을 구하시오.

조건

1. 도시폐기물 중 유기성분의 수분함량 : 30%
2. 휘발성 고형물, VS = 0.85×TS(총 고형물)
3. 생분해 가능한 휘발성 고형물, BVS = 0.70×VS
4. 예상 BVS 전환율 : 90%
5. 가스 발생량 : 0.5m^3/kg · BVS

16. 황산 0.05가 포함된 폐수 100m^3/day을 처리하고 있다. 10% NaOH로 중화하려고 할 때, 중화제의 투입량(m^3/day)을 구하시오. (단, 황산의 비중은 1.84이다.)

17. 다음 조성의 폐기물의 습량기준 단위 무게 당 고위발열량(kcal/kg)과 저위발열량(kcal/kg)을 Dulong 식을 이용하여 구하시오.

> [폐기물 분석조성]
> C = 20%, H = 14%, S = 0.5%, 수분 = 53.5%, 회분 = 12%

18. 유기성 폐기물을 1,134kg을 호기적으로 산화시키는데 필요한 산소량(kg)을 계산하시오.

> **초기화학식** $[C_6H_7O_2(OH)_3]_7$의 최종안정화산물은 $[C_6H_7O_2(OH)_3]_3$이며 안정화 후 남아있는 양은 486kg이다.
> $$C_aH_bO_cN_d + 0.5(ny + 2s + r - c)O_2 \rightarrow nC_wH_xO_yN_z + sCO_2 + rH_2O + (d + nz)NH_3$$
> • $r = 0.5(b - nx - 3(d-nz))$, $s = a - nw$

19. 유해폐기물을 판단하는 폐기물의 성질 4가지를 쓰시오.

20. 퇴비화 영향인자 중 C/N비에 대한 설명이다. 다음 조건에 알맞은 설명을 쓰시오.

   (가) 최적 C/N비 범위
   (나) C/N비가 너무 높은 경우
   (다) C/N비가 너무 낮은 경우

PART 3

제 3 편
과년도 필답형
기출해설

UNIT 01 2022년 제1회 산업기사 필답형

01. 해설
① 온도(Temperature)가 높을수록 완전연소가 용이하다.
② 체류시간(Time)이 길수록 완전연소가 용이하다.
③ 혼합(Turbulence)이 활발할수록 완전연소가 용이하다.

02. 해설
① 호기성 매립형태 채용(또는 매립지 내 공기주입) ② 침출수 재순환 공법
③ 미생물 및 영양물질 주입 ④ 폐기물 파쇄 후 투입

03. 해설
① 폴리에틸렌계(HDPE/MDPE/LDPE/VLDPE/CPE/EVA)
② 염화비닐계(PVC)
③ 가황고무계(EPDM)
④ 비가황고무계(BR/CSPE)
⑤ 네오프렌(CR)
※ 위 항목 중 3개 기입

04. 해설
① 목적 및 범위설정 ② 목록 분석
③ 영향평가 ④ 개선평가 및 해석

05. 해설
① 기체 : 수소, 메탄, 일산화탄소
② 액체 : 아세톤, 메탄올, 오일, 식초산
③ 고체 : Char, 불활성 물질

06. 해설
식 휘발성 고형물 = 강열감량 − 수분

- 수분(%) = $\frac{수분}{시료} \times 100 \equiv \frac{건조전시료 - 건조후시료}{시료} \times 100 = \frac{(10-9)}{10} \times 100 = 10\%$

∴ 휘발성 고형물 = 81.1 − 10 = 71.1%

정답 71.1%

07. 해설
① 액상 폐기물 : 고형물 함량이 5% 미만인 것
② 반고상 폐기물 : 고형물 함량이 5% 이상 15% 미만인 것
③ 고상 폐기물 : 고형물 함량이 15% 이상인 것

08. 해설

식 $Q = CIA$

- $C = 0.7$
- $A = 1.2ha = 12,000m^2$
- $I = \frac{5,000}{t+40} = \frac{5,000}{25.8333+40} = 75.9494 mm/hr$
- $t = 유입시간 + 유하시간 = 5\min + \frac{1500m}{\frac{1.2m}{sec} \times \frac{60sec}{1\min}} = 25.8333\min$

∴ $Q = 0.7 \times 12,000m^2 \times \frac{75.9494mm}{hr} \times \frac{1m}{10^3mm} \times \frac{24hr}{1day} \times 0.05 = 765.57 m^3/day$

정답 765.57m³/day

09. 해설

(㉢) → (㉠) → (㉡) → (㉣) → (㉤)

수거형태	수거효율
타종수거	0.84MHT
대형쓰레기통	1.1MHT
플라스틱 자루	1.35MHT
집밖 이동식	1.47MHT
집안 이동식	1.86MHT
집밖 고정식	1.96MHT
문전 수거	2.3MHT
벽면 부착식	2.38MHT

※ MHT가 작을수록 수거효율이 높다.
※ MHT 크기순서 : 벽면 부착식 > 문전 수거 > 집안 고정식 > 집밖 고정식 > 집안 이동식 > 집밖 이동식 > 플라스틱 자루 > 대형쓰레기통 > 타종 수거

10. 해설

구분	단순 매립지	위생매립지	안전매립지
차수막	없음	점토 및 합성차수막	있음
복토재	없음	일일복토 : 사질계 토양 중간복토 : 점성계 토양 최종복토 : loam계 토양(식양토)	없음
침출수 배수설비	없음	있음	없음(보통 수분이 없도록 건조 후 매립)

11. 해설

식) 재의 밀도 = $\dfrac{\text{재의 질량}}{\text{재의 부피}}$

∴ 재의 밀도 = $\dfrac{10톤 \times 0.3 \times \dfrac{10^3 kg}{1톤}}{5.5 m^3} = 545.45 kg/m^3$

정답) $545.45 m^3$

12. 해설

반응식) $C_6H_{12}O_6 \rightarrow 3CO_2 + 3CH_4$

$180 kg$: $3 \times 22.4 m^3$
$1,000 kg$: X, ∴ $X = 373.33 m^3$

정답) $373.33 m^3$

13. 해설

식) 가스량(m^3/day) = $\dfrac{30톤(W)}{day} \times \dfrac{(100-30)(TS)}{100(W)} \times \dfrac{0.85 VS}{TS} \times \dfrac{0.7 BVS}{VS} \times \dfrac{90}{100} \times \dfrac{0.5 m^3}{kg\,BVS} \times \dfrac{1,000 kg}{1 ton}$

= $5,622.75 m^3/day$

정답) $5,622.75 m^3$/day

14. 해설

식) $A(\text{부지면적}) = \dfrac{\text{매립 폐기물량}(kg)}{\text{폐기물 밀도}(kg/m^3)} \times \dfrac{1}{\text{매립깊이}(m)}$

• 폐기물량(톤/년) = $30,000인 \times \dfrac{1 kg}{인 \cdot day} \times \dfrac{1톤}{1,000 kg} \times \dfrac{365 day}{year} = 10,950$ 톤/year

∴ $A(\text{부지면적}) = \dfrac{10,950톤}{year} \times \dfrac{m^3}{0.5 ton} \times \dfrac{2}{3} \times \dfrac{1}{(5-1)m} = 3,650 m^2/$년

정답) $3,650 m^2$/년

15. 해설
① 연소실 내의 온도저하
② 배기가스에 의한 열손실 증가
③ 배기가스 중 NOx 및 SOx 양 증가

16. 해설
식 $SL = TS \times \dfrac{100}{X_{TS}(고형물 함량)}$

∴ $SL = 6톤 \times \dfrac{10^3 kg}{1톤} \times \dfrac{100}{5} \times \dfrac{1 m^3}{1200 kg} = 100 m^3$

17. 해설
(1) Worrell

식 선별효율$(E) = X$회수율 $\times Y$기각율 $= \left(\dfrac{X_c}{X_i} - \dfrac{Y_o}{Y_i}\right) \times 100$

(2) Rietema

식 선별효율$(E) = X$회수율 $- Y$회수율 $= \left(\dfrac{X_c}{X_i} - \dfrac{Y_c}{Y_i}\right) \times 100$

- $X_c(R_c)$: 회수된 회수대상물질
- $X_i(R_i)$: 회수대상물질
- $Y_o(W_o)$: 제거된 제거대상물질
- $Y_i(W_i)$: 제거대상물질
- $Y_c(W_c)$: 회수된 제거대상물질

18. 해설
식 $CO_2(mg/m^3) = CO_2(\%) \times \dfrac{44 kg}{22.4 m^3}$

∴ $CO_2 = \dfrac{0.05 m^3}{100 m^3} \times \dfrac{44 kg}{22.4 m^3} \times \dfrac{10^6 mg}{1 kg} = 982.14 mg/m^3$

정답 982.14 mg/m³

UNIT 02 2022년 제2회 산업기사 필답형

01. 해설
① 화격자 연소장치(고정식/stoker식) ② 유동층 연소장치
③ 로터리 킬른 ④ 다단식(상) 연소장치

02. 해설
(1) **정의** : 시료에 강한 열을 가했을 때 중량의 손실량으로 소각재 중에 존재하는 미연분량을 나타낸다.
(2) **특징** : 소각잔사의 무해화를 판단하는 지표로 이용되며, 소각로의 연소효율이 좋을수록 강열감량은 낮게 나타난다.

03. 해설
반응식 $Fe + H_2S \rightarrow FeS + H_2$

04. 해설
- 산성가스 발생
- 다이옥신 발생
- 이산화탄소 발생
- 용융되어 통기공을 막거나 적하되어 고장 요인을 제공
- 고온부식

05. 해설
반응식 $2H_2CrO_4 + 6H_2SO_4 + 6FeSO_4 + 3Ca(OH)_2 \rightarrow 2Cr(OH)_3 + CaSO_4 + 3Fe(OH)_3 + 8H_2O$
① H_2CrO_4
② Cr^{3+}
③ $Cr(OH)_3$

06. 해설
- 온도를 잘 발산할 수 있는 금속재료의 선정
- 내산성이 있는 재료의 선정
- 표면 라이닝
- 보온시공
- 먼지의 퇴적을 방지

07. 해설

① 초기단계(중온단계) : 온도 25~45℃의 중온성 Fungi(균류), Bacteria(세균)의 미생물이 증식하며 유기물을 분해한다.
② 고온단계 : 40℃ 이상으로 상승한 온도에서 미생물이 고온성세균과 방선균 등으로 대체되고 이 미생물들이 증식하며 온도가 60~70℃까지 상승, 이 단계가 2주 이상 유지되며 병원균, 기생충란, 파리알 등이 사멸된다.
③ 냉각단계 : 온도가 40℃ 이하로 내려가 중온성 미생물이 재정착되고 안정화되는 단계로 분해물질의 pH가 저하된다. (산도 증가)
④ 숙성단계 : 유기물이 무기화되며 부식질이 생성된다. 퇴비의 색이 짙어진다.

08. 해설

식 $°F = \dfrac{9}{5}°C + 32$

$°F = \dfrac{9}{5}°C + 32$ (화씨온도와 섭씨온도가 같으므로 X로 치환)

$X = \dfrac{9}{5}X + 32$, $X = -40$

정답 -40

09. 해설

식 $PV = nRT$

• $n(mol) = 5g \times \dfrac{1mol}{32g} + 5g \times \dfrac{1mol}{28g} = 0.3348 mol$

∴ $P = \dfrac{nRT}{V} = \dfrac{0.3348 \times 0.082 \times (273+100)}{1} = 10.24 atm$

정답 10.24atm

10. 해설

식 $A_{om} = O_{om} \times \dfrac{1}{0.232}$

반응식 C + O₂ → CO₂
12kg : 32kg
10kg : $X(O_{om})$, $X(O_{om}) = 26.6666 kg$

∴ $A_{om} = 26.6666 \times \dfrac{1}{0.232} = 114.94 kg$

정답 114.94kg

11. 해설

① 초기다짐정도　② 폐기물의 특성
③ 분해정도　　　④ 압밀의 효과

12. 해설

[식] $Hh = 8,100C + 34,000\left(H - \dfrac{O}{8}\right) + 2,500S$

- $C = \dfrac{12 \times 30(C)}{790(C_{30}H_{50}O_{20}N_2S)} = 0.4556$

- $H = \dfrac{1 \times 50(H)}{790(C_{30}H_{50}O_{20}N_2S)} = 0.0632$

- $O = \dfrac{16 \times 20(O)}{790(C_{30}H_{50}O_{20}N_2S)} = 0.4050$

- $N = \dfrac{14 \times 2(N)}{790(C_{30}H_{50}O_{20}N_2S)} = 0.0354$

- $S = \dfrac{32 \times 1(S)}{790(C_{30}H_{50}O_{20}N_2S)} = 0.0405$

∴ $Hh = 8,100 \times 0.4556 + 34,000 \times \left(0.0632 - \dfrac{0.4050}{8}\right) + 2,500 \times 0.0405 = 4,219.16 \, kcal/kg$

[정답] 4,219.16kcal/kg

13. 해설

- 체눈의 크기
- 직경
- 경사도
- 길이
- 회전속도
- 폐기물의 부하

14. 해설

[식] $\dfrac{X}{M} = K \times C^{\frac{1}{n}}$

$\dfrac{4.95}{M} = 0.5 \times 0.05^{\frac{1}{1}}$, ∴ $M = 198 \, mg/L$

[정답] 198mg/L

15. 해설

(1) 평균 수거량(톤/월)

식 평균 수거량 $= 5대 \times \dfrac{8회}{1대 \cdot 1일} \times \dfrac{5m^3}{1대} \times \dfrac{750kg}{1m^3} \times \dfrac{1톤}{10^3 kg} \times \dfrac{23일}{월} = 3{,}450 톤/월$

(2) 첨두율

식 첨두율 $= \dfrac{최대수거량}{평균수거량} = \dfrac{7 \times K}{5 \times K} = 1.4$

※ 수거대수를 제외한 나머지 인자(적재용량, 수거횟수, 일수 등)는 같으므로 K로 정리

16. 해설

식 부피감소율(%) $= \dfrac{V_1 - V_2}{V_1} \times 100 = \left(1 - \dfrac{V_2}{V_1}\right) \times 100 = \left(1 - \dfrac{\rho_1}{\rho_2}\right) \times 100$

∴ 부피감소율(%) $= \left(1 - \dfrac{350}{760}\right) \times 100 = 53.95\%$

정답 53.95%

17. 해설

식 $A(부지면적) = \dfrac{매립 폐기물량(kg)}{폐기물 밀도(kg/m^3)} \times \dfrac{1}{매립깊이(m)}$

- 폐기물량(톤/년) $= \dfrac{50톤}{1day} \times \dfrac{365day}{year} = 18{,}250 톤/year$

∴ $A(부지면적) = \dfrac{18{,}250톤}{year} \times \dfrac{m^3}{0.5ton} \times \dfrac{2}{3} \times \dfrac{1}{(5-1)m} = 6{,}083.33 m^2/년$

정답 $6{,}083.33 m^2/년$

18. 해설

식 $Y = 1 - \exp\left[-\left(\dfrac{X}{X_o}\right)^n\right]$

$\Rightarrow 0.8 = 1 - \exp\left[-\left(\dfrac{4}{X_o}\right)^1\right]$

∴ $X_o = \dfrac{-4}{\ln(1-0.8)} = 2.49 cm$

UNIT 03 2020년 제3회 기사 필답형

01. 해설
반응식 $2HCl + Ca(OH)_2 \rightarrow CaCl_2 + 2H_2O$
반응식 $SO_2 + CaCO_3 + 0.5O_2 \rightarrow CaSO_4 + CO_2$

02. 해설
강열감량이란 열을 가했을 때 열에 의해 감소되는 무게를 말한다.
식 강열감량 = 유기물(VS) + 수분(W)

03. 해설
① 시멘트 기초법　　② 석회 기초법
③ 열가소성 플라스틱법　　④ 유기중합체법
⑤ 자가시멘트법
⑥ 피막형성법

04. 해설

식 수거 횟수 = $\dfrac{\text{발생쓰레기}}{\text{1회 수거용량}}$

∴ 수거 횟수 = $\dfrac{\dfrac{1.2kg}{\text{인}\cdot\text{일}} \times 100,000\text{인} \times \dfrac{m^3}{300kg} \times \dfrac{1}{2} \times \dfrac{7\text{일}}{1\text{주}}}{\dfrac{11m^3}{1\text{대}} \times 0.9}$ = 141.41 ≒ 142회/주

05. 해설
식 $\eta_t = 1 - [(1-\eta_1)(1-\eta_2) \cdots (1-\eta_n)]$
식 $\eta(\%) = \left(1 - \dfrac{C_o}{C_i}\right) \times 100$

$\left(1 - \dfrac{30}{3,000}\right) = 1 - [(1-0.8) \times (1-0.5) \times (1-\eta_3)]$, ∴ $\eta_3 = 0.9 ≒ 90\%$

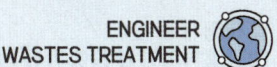

06. 해설
① 발생되는 배기가스량이 적음.
② 황 및 중금속이 회분 속에 고정되는 비율이 큼.
③ 연료생성(온도에 따라 고체, 액체, 기체연료 생산)
④ 오염물질 발생이 거의 없음

07. 해설
(1) **경향예측모델** : 시간에 따른 폐기물의 발생량 예측(시간 고려)
(2) **다중회귀모델** : 자연적 특성, 사회적 특성, 경제적 특성 등 영향인자를 고려하여 발생량 예측(영향인자 고려)
(3) **동적모사모델** : 시간에 따른 폐기물의 발생과 자연적 특성, 사회적 특성, 경제적 특성 등 영향인자를 시간에 대한 함수로 표시하여 발생량 예측(시간, 영향인자 고려)

08. 해설
(1) 회수율

$$\text{회수율}(\%) = \frac{\text{회수된 회수대상물질}}{\text{회수대상물질}} \times 100 = \frac{7.2 \text{톤}/hr}{100 \text{톤}/hr \times 0.08} \times 100 = 90\%$$

(2) 선별효율

1) Rietema식

$$\eta_R = \left(\frac{X_c}{X_i} - \frac{Y_c}{Y_i}\right) \times 100$$

- $X_c = 7.2$톤$/hr$
- $X_i = 100$톤$/hr \times 0.08 = 8$톤$/hr$
- $Y_c = 10 - 7.2 = 2.8$톤$/hr$
- $Y_i = 100 - 8 = 92$톤$/hr$

$$\therefore \eta_R = \left(\frac{7.2}{8} - \frac{2.8}{92}\right) \times 100 = 86.96\%$$

2) Worrell식

$$\eta_w = \left(\frac{X_c}{X_i} \times \frac{Y_o}{Y_i}\right) \times 100$$

- $X_c = 7.2$톤$/hr$
- $X_i = 100$톤$/hr \times 0.08 = 8$톤$/hr$
- $Y_o = (100 - 10) - 0.8 = 89.2$톤$/hr$
- $Y_i = 100 - 8 = 92$톤$/hr$

$$\therefore \eta_w = \left(\frac{7.2}{8} \times \frac{89.2}{92}\right) \times 100 = 87.26\%$$

09. 해설

식 $VCF = \dfrac{V_2}{V_1} \times 100$

식 $V_1(1-X_{w1}) = V_2(1-X_{w2})$

$V_1 \times (1-0.95) = V_2 \times (1-0.9)$

$\therefore VCF = \dfrac{V_2}{V_1} \times 100 = \dfrac{(1-0.95)}{(1-0.9)} \times 100 = 50\%$

10. 해설

① **상향연소방식(역류식, 향류식)** : 연소가스의 흐름과 폐기물의 흐름이 서로 반대인 향류접촉의 형태, 저질쓰레기의 연소시 채택(발열량 낮고, 수분함량 높은 폐기물)

② **하향연소방식(병류식)** : 연소가스의 흐름과 폐기물의 흐름이 서로 같음 병류접촉의 형태, 고질쓰레기의 연소시 채택(발열량 높고, 휘발분 많고, 수분함량 낮은 폐기물)

③ **중간류식(교류식)** : 연소가스의 배출이 중간부에서 배출되는 향류식과 병류식의 중간적인 형태, 투입쓰레기의 성상의 변동이 심한 경우 채택

④ **2회류식** : 댐퍼(damper)를 이용하여 상부와 하부에서 모두 연소가스가 배출되는 향류식과 병류식의 특성을 모두 겸비한 형태

UNIT 04 2021년 제4회 기사 필답형

01. 해설

(1) 이론공기량(kg)

식 $A_{om} = O_{om} \times \dfrac{1}{0.232}$

반응식 $C_5H_7O_2N + 5.75O_2 \rightarrow 5CO_2 + 3.5H_2O + 0.5N_2$

$\quad\quad 113kg \; : \; 5.75 \times 32kg$

$\quad\quad 1kg \times 0.85 \; : \; X, \quad\quad \therefore X = 1.3840 kg$

$\therefore A_{om} = 1.3840 \times \dfrac{1}{0.232} = 5.97 kg$

(2) 고위발열량(kcal/kg)

식 $Hh = 8100C + 34000\left(H - \dfrac{O}{8}\right) + 2500S$

$\therefore Hh = \left[8100 \times \left(\dfrac{12 \times 5}{113}\right) + 34000 \times \left(\dfrac{1 \times 7}{113} - \dfrac{(16 \times 2)/113}{8}\right)\right] \times 0.85 = 4423.01 kcal/kg$

02. 해설

식 $NV = N'V'$

- N(산의 노르말농도) $= \left(\dfrac{5g}{100mL} \times \dfrac{10^3 mL}{1L} \times \dfrac{1}{98/2g}\right) + \left(\dfrac{13g}{100mL} \times \dfrac{1eq}{152/2g} \times \dfrac{10^3 mL}{1L}\right) = 2.7309 N$

- V(산의 양) $= 1{,}000 kg$

- N'(염기의 노르말농도) $= \dfrac{5g}{100mL} \times \dfrac{10^3 mL}{1L} \times \dfrac{1eq}{40/1g} = 1.25 N$

$2.7309 \times 1{,}000 = 1.25 \times V', \quad\quad \therefore V' = 2{,}184.72 kg$

03. 해설

① 쓰레기의 선상 및 질이 관리 : 전구물질 및 촉매효과가 있는 중금속 제거, 폐기물의 투입량과 수분 및 발열량 등 투입조건의 균일화 등

② 연소조건의 개선(노 내의 다이옥신 억제) : 다이옥신의 분해에 충분한 온도(850~950℃) 유지와 체류시간 제공(2초 이상), 완전연소를 위한 적절한 산소공급(6~12%), 유기물질과 산화제의 충분한 혼합 등

③ 배기가스 관리 : 비산재의 발생 최소화, 다이옥신류 발생이 최소가 되는 산소 및 CO농도 유지

④ 가동상태 : 정지 등으로 인한 불완전 운전상태가 되지 않게 함.

⑤ 연소실 형상 : 배기가스가 고온부를 통과하게 하고, 1차 연소실의 충분한 혼합을 유도함

04. 해설

구분	일반소각시설	고온소각시설
바닥재의 강열감량	(10)% 이하	(5)% 이하
연소가스 체류시간	(2)초 이상	(2)초 이상
소각온도	(850)℃ 이상	(1100)℃ 이상

05. 해설

식 수분의 양(kg/ton)= $SL_1 - SL_2$

식 $SL_1(1-X_{w1}) = SL_2(1-X_{w2})$

$1 \times (1-0.8) = SL_2 \times (1-0.2)$, $SL_2 = 0.25kg$

∴ 수분의 양(kg/ton)= $(1-0.25)kg/kg = 750kg/$톤

06. 해설

(1) **종량제** : 폐기물 종량제 봉투 또는 폐기물임을 표시하는 표지 등을 판매하는 방법으로 배출량에 따라 금액을 부과하는 방법이다.

(2) **NIMBY** : 내 뒷마당에서는 안된다. (Not In My backyard)의 약자로 위험시설, 혐오시설 등이 자신들이 살고 있는 지역에 들어서는 것을 강력하게 반대하는 시민들의 행동을 말한다.

(3) **예치금제도** : 회수, 재활용이 용이한 제품에 대해 제조, 수입업자에게 폐기물 회수, 처리 비용을 예치하게 하는 제도로 적정하게 회수, 처리한 경우 회수, 처리실적에 따라 예치비용을 반환해 줌으로써 폐기물의 재활용을 촉진하는 제도이다.

07. 해설

식 $A(\text{부지면적}) = \dfrac{\text{매립폐기물량(kg)}}{\text{폐기물 밀도}(kg/m^3) \times \text{매립깊이}(m)}$

• 폐기물량(kg) = $\dfrac{1.2ton}{day} \times \dfrac{365day}{1year} \times \dfrac{1,000kg}{1ton} = 438,000kg/year$

∴ $A(\text{부지면적}) = 438,000kg \times \dfrac{m^3}{500kg} \times \dfrac{(100-35)}{100} \times \dfrac{100}{60} \times \dfrac{1}{2.5m} = 379.6m^2$

정답 $379.60m^2$

08. 해설

식 화격자 소각로의 연소율 = 처리할 쓰레기량 / (화격자 면적)

09.

해설

식 $\dfrac{X}{M} = K \times C^{\frac{1}{n}}$

$\dfrac{(1.3-0.01)}{M} = 0.5 \times 0.01^{\frac{1}{1}}$, ∴ $M = 258 mg/L$

정답 258mg/L

10.

해설

식 $Q = CIA$

- $C = 0.4$ (40%가 침출수로 발생)
- $I = 150 mm/hr$
- $A = 500,000 m^2$

∴ $Q = 0.4 \times \dfrac{150 mm}{hr} \times 280 km^2 \times \dfrac{10^6 m^2}{1 km^2} \times \dfrac{1m}{10^3 mm} \times \dfrac{1톤}{1m^3} = 16,800,000$톤$/hr$

11.

해설

식 매립소요용적의 차 $= V_1$(분쇄 후 소요용적) $- V_2$(분쇄 및 압축 후 소요용적)

식 매립소요용적 $=$ 폐기물발생량$(kg/year) \times \dfrac{1}{밀도}$

- 폐기물부피(분쇄) $= \dfrac{1.2 kg}{인 \cdot 일} \times 400,000$인 $\times \dfrac{365일}{1 year} \times \dfrac{1톤}{10^3 kg} \times \dfrac{1 m^3}{0.45톤} \times \dfrac{2}{3} = 259.555.5556 m^3/year$

- 폐기물부피(분쇄 + 압축) $= 259.555.5556 \times \left(1 - \dfrac{1}{3}\right) = 173,037.0371 m^3/year$

∴ 매립소요용적의 차 $= 259,555.5556 - 173,037.0371 = 86,518.52 m^3/year$

정답 $86,518.52 m^3/year$

12.

해설

식 부피변화율(VCF) $= \dfrac{V_2}{V_1} = \dfrac{고화처리 후 질량/밀도}{고화처리 전 질량/밀도} = (1 + MR) \times \dfrac{\rho_1}{\rho_2}$

∴ $VCF = (1 + 0.3) \times \dfrac{1.11}{1.22} = 1.18$

정답 1.18

13.

해설

식 $A = m A_o G$

- m = 1.5
- $A_o = O_o \times \dfrac{1}{0.21} = 2.3546 \times \dfrac{1}{0.21} = 11.2123 m^3/kg$
- $O_o = 1.867C + 5.6H - 0.7O + 0.7S$

  $O_o = 1.867 \times 0.83 + 5.6 \times 0.14 + 0.7 \times 0.03 = 2.3546 m^3/kg$
- G(연료주입량) $= 100 kg/hr$

∴ $A = 1.5 \times 11.2123 \times 100 = 1,681.85 m^3/hr$

정답 $1,681.85 Sm^3/hr$

14. 해설

(1) 혐기성 소화온도
  - (**중온**) 소화 : 30~40℃
  - (**고온**) 소화 : 50~60℃

(2) 호기성 산화(분해)시 충분한 산소가 공급되면 온도가 (**상승**)한다.

(3) 유기물 분해 시 생성되는 (**수분**)이(가) 촉매작용을 한다.

(4) 중금속이 함유된 폐기물은 최종 퇴비화 후 중금속 농도가 (**감소**)한다.

15. 해설

(1) **전환방식** : 연소, 치환, 산화/환원
(2) **분리방식** : 휘발, 용해, 증기압

16. 해설

① 온도가 최종적으로 저하된 상태가 된다.
② 진한 회색이나 약간의 갈색을 나타내며 흙냄새를 낸다.
③ 수분 함량은 30~60wt% 정도이다.
④ C/N비는 10~15이다.
⑤ 양이온 교환 능력은 80~100meq/100g이다.

17. 해설

- 가격이 저렴
- 무독성
- 응집력이 우수
- 적용가능한 물질의 범위가 넓음
- 부식성이 적어 취급이 용이

18. 해설

ⓒ → ㉠ → ㉣ → ㉡ → ㉤

UNIT 05 2022년 제1회 기사 필답형

01. 해설
(1) **소각** : 폐기물을 연소하여 폐기물 내의 유기물성분을 산화시킴으로 폐기물을 감량화, 안정화, 안전화시키고 연소열을 이용하는 공정이다.
(2) **열분해** : 무산소 또는 공기가 부족한 환원된 분위기에서 폐기물을 고온으로 가열하여 가스상, 액체상 및 고체상의 연료를 생산하는 공정이다.

02. 해설 소각로의 연소실 열발생률 계산식을 이용하여 소각로의 부피를 산출한다.

식 $Q_v = \dfrac{Hl \times G_f}{\forall}$

$20,000 kcal/m^3 \cdot hr = \dfrac{\dfrac{2,333 kcal}{kg} \times \dfrac{5,000 kg}{day} \times \dfrac{1 day}{10 hr}}{\forall}$

$\therefore \forall = 58.33 m^3$

정답 $58.33 m^3$

03. 해설 CrO_4^{2-}, $HCr_2O_7^{2-}$

04. 해설 혼합물의 평균함수율을 이용하여 톱밥의 양을 산출한다.

식 $X_w = \dfrac{W_1 X_{w1} + W_2 X_{w2}}{W_1 + W_2}$

$70\% = \dfrac{1,000 kg \times 0.9 + W_2 \times 0.2}{1,000 kg + W_2} \times 100$ $\therefore W_2(톱밥) = 400 kg = 0.4톤$

정답 0.4톤

05. 해설

식 백필터 개수$(n) = \dfrac{Q_f}{Q_i} = \dfrac{Q_f}{A_i V_f} = \dfrac{Q_f}{\pi D L V_f}$

• D : 직경 = 0.3
• V_f : 겉보기 여과속도 = 1.2cm/sec = 0.012m/sec

- Q_f : 처리가스량 $= \dfrac{600 m^3}{\min} \times \dfrac{1\min}{60\sec} = 10 m^3/\sec$

∴ $n = \dfrac{10}{\pi \times 0.3 \times 4 \times 0.012} = 221.0485 ≒ 222$개

정답 222개

06. 해설

(1) 고형화(고화처리)의 목적
① 슬러지 및 폐기물을 다루기 용이하게 함(handling)
② 용해도 감소(solubility)
③ 유해한 슬러지인 경우 독성 감소(toxicity)
④ 표면적 및 용출특성 감소

(2) 적용 대상 폐기물의 성상
① 폐내화물 및 도자기 편류
② 폐주물사
③ 슬러지
④ 유해 중금속
⑤ 소각 잔재물
⑥ 폐흡수제 및 폐흡착제
⑦ 폐촉매
⑧ 폐산 및 폐알칼리의 처리 후 잔재물

07. 해설

식 $\text{MHT} = \dfrac{\text{수거인부 수} \times \text{작업시간}}{\text{폐기물 총 수거량}}$

- 폐기물 수거량 $= \dfrac{2.5\text{kg}}{\text{인} \cdot \text{일}} \times 300{,}000\text{인} \times \dfrac{\text{톤}}{1{,}000\text{kg}} = 750\text{톤/일}$

∴ $\text{MHT} = \dfrac{250 \times 10}{750} = 3.33 \text{man} \cdot \text{hr/톤}$

정답 3.33MHT

08. 해설

㉠ : ② 30~70%   ㉡ : ① 초기 90% 정도   ㉢ : ③ 850~950℃
㉣ : ④ 250~400℃   ㉤ : ⑦ 거의 없음   ㉥ : ⑧ 제거 가능
㉦ : ⑤ 백연현상   ㉧ : ⑥ 압력손실이 크다.

09. 해설
① 직접계근법　　② 적재차량계수분석법
③ 물질수지법　　④ 전수조사법

10. 해설
(1) $D_{15}/d_{85} < 5$: 침출수의 집배수층 주변 물질에 막히지 않는 조건
(2) $D_{15}/d_{15} > 5$: 침출수의 집배수층이 충분한 투수성을 유지하는 조건
- D : 침출수 집배수층 재료의 입경(필터재료)
- d : 침출수 집배수층 주변물질의 입경(주변토양)

11. 해설
① 공기선별　　② 광학선별
③ 체선별(스크린, 수중 체)　　④ 세카터
⑤ 수선별　　⑥ 자력 선별
⑦ 정전기 선별　　⑧ 와전류 선별

12. 해설
식 $C_{HCl} = \dfrac{HCl}{연소가스}$

- $HCl = \dfrac{10kg(C_2H_3Cl)}{hr} \times \dfrac{36.5kg(HCl)}{62.5kg(C_2H_3Cl)} \times \dfrac{22.4m^3}{36.5kg} = 3.584 m^3/hr$

〈연소반응식〉

$C_2H_3Cl + 2.5O_2 \rightarrow 2CO_2 + H_2O + HCl$
　　1　　　　　　　　　　　　　　　　1

(C_2H_3Cl과 HCl은 1 : 1 반응)

※ 분자식 $CH_2=CHCl$는 각 원소를 합하여 C_2H_3Cl로 표기

- 연소가스 = $10,000 m^3/hr$

∴ $C_{HCl} = \dfrac{3.584 m^3/hr}{10,000 m^3/hr} \times \dfrac{10^6 mL}{1 m^3} = 358.4 mL/m^3 (ppm)$

정답 358.4ppm

13. 해설
① 1단계 : 호기성 분해 단계　　② 2단계 : 혐기성 비메탄생성 단계
③ 3단계 : 혐기성 메탄생성 단계　　④ 4단계 : 정상상태 단계

14. 해설
수은, 카드뮴, 납, 비소, 크로뮴(크롬)

15. 해설

식 가연분(%) = $W_1 \times$ 가연분함량$(W_1) + W_2 \times$ 가연분함량$(W_2) + \cdots + W_n \times$ 가연분 함량(W_n)

∴ 가연분(%) = $50 \times 0.7 + 30 \times 0.8 + 20 \times 0.85 = 76\%$

정답 76%

16. 해설

(1) 기계적-생물학적 처리시스템 : MBT
(2) 가연분함량이 높은 폐기물을 만든 고형 연료 : SRF
(3) 알루미늄, 캔 등을 선별 회수하는 방법 : Eddy-current separation(와전류 선별)
(4) 생산자 책임 재활용 제도 : EPR

17. 해설

① 압축장비 없이 매립이 가능하며 폐기물의 밀도가 증가한다.
② 매립 시 복토 요구량이 절감된다.
③ 비표면적 증대로 폐기물의 분해속도가 증가되며 매립완료기간을 단축시킬 수 있다.
④ 매립 시 폐기물이 잘 섞여서 호기성 조건을 유지하므로 냄새가 방지된다.

18. 해설

식 A(부지면적) = $\dfrac{\text{매립 폐기물량(kg)}}{\text{폐기물 밀도(kg/m}^3)} \times \dfrac{1}{\text{매립깊이(m)}}$

• 폐기물량(톤/년) = $300{,}000$인 $\times \dfrac{1\text{kg}}{\text{인} \cdot \text{day}} \times \dfrac{1\text{톤}}{1{,}000\text{kg}} \times \dfrac{365\text{day}}{\text{year}} = 109{,}500$ 톤/year

∴ A(부지면적) = $\dfrac{109{,}500\text{톤}}{\text{year}} \times \dfrac{\text{m}^3}{0.5\text{ton}} \times \dfrac{2}{3} \times \dfrac{1}{2} \times \dfrac{1}{(5-1)\text{m}} = 18{,}250\, m^2/$년

정답 $18{,}250\, m^2/$년

UNIT 06 2022년 제2회 기사 필답형

01. 해설
① 비중이 작을 것
② 입도분포가 균일할 것
③ 불활성일 것
④ 열충격에 강하고 융점이 높을 것

02. 해설

식 $C/N비 = \dfrac{혼합물\ 중\ 탄소의\ 함량}{혼합물\ 중\ 질소의\ 양}$

• 탄소의 양 $C = \left[\dfrac{1}{2}\times(1-0.9)\times 0.4 + \dfrac{1}{2}\times(1-0.8)\times 0.7\right] = 0.09$

• 질소의 양 $N = \left[\dfrac{1}{2}\times(1-0.9)\times 0.2 + \dfrac{1}{2}\times(1-0.8)\times 0.15\right] = 0.025$

∴ $C/N비 = \dfrac{0.09}{0.025} = 3.6$

정답 3.6

03. 해설
① 분무된 활성탄은 가스상 다이옥신류를 입자상으로 만들어 백필터에서 제거되게 한다.
② 분무된 활성탄이 필터 백 표면에 코팅되므로 백필터에서도 흡착이 활발하게 일어난다.
③ 활성탄 고정상 방식으로 하여 배출가스를 통과시키는 방식은 분진제거설비의 후단에 별도로 설비를 설치한다.
④ 활성탄의 수집 및 재사용이 가능하다.
⑤ 기타 중금속(수은, 카드뮴 등)의 포집효율을 높인다.

04. 해설
(1) 무게기준

식 $A_{om} = O_{om} \times \dfrac{1}{0.232}$

• $O_{om}(kg/kg) = 2.667C + 8H + S - O = 2.667\times 0.23 + 8\times 0.14 + 0.05 - 0.17 = 1.6134\,kg/kg$

$$\therefore A_{om} = 1.6134 \times \frac{1}{0.232} = 6.9543 \fallingdotseq 6.95 \text{kg/kg}$$

정답 6.95kg/kg

(2) 부피기준

식 $A_o = O_o \times \frac{1}{0.21}$

- $O_o(m^3/kg) = 1.867C + 5.6H + 0.7S - 0.7O = 1.867 \times 0.23 + 5.6 \times 0.14 + 0.7 \times 0.05 - 0.7 \times 0.17$
    $= 1.1294 m^3/kg$

$\therefore A_o = 1.1294 \times \frac{1}{0.21} = 5.38 m^3/kg$

정답 5.38m³/kg

05. **해설**
① 1단계 : 가수분해단계로 고분자물질을 (저분자)물질로 전환한다.
② 2단계 : (산생성(또는 혐기성 비메탄생성))단계로 가수분해된 유기물질을 유기산으로 전환한다.
③ 3단계 : (혐기성 메탄생성)단계로 산물질이 메탄균에 의해 메탄이 생성되는 단계이다.
④ 4단계 : 정상상태단계로 (메탄)와(과) (이산화탄소)가스가 일정하게 배출된다.

06. **해설**

식 $C_6H_{12}O_6 \rightarrow 3CO_2 + 3CH_4$

180kg : 3×16kg

$\frac{10톤}{day} \times \frac{10^3 kg}{1톤}$: X, $\therefore X = 2,666.67 kg = 2.67$톤/일

정답 2.67톤/일

07. **해설**
① 슬러리월
② 그라우트 커튼
③ 스틸시트 파일링
④ 진동빔 차단벽
⑤ 얇은 막벽

08. 해설

| 슬러지 발생 - 농축 - (소화) - (개량) - 탈수 - 건조 - (소각) - 처분 |

- 소화 : 호기성 소화, 혐기성 소화
- 개량 : 세정, 소화, 열처리, 약품첨가
- 소각 : 화격자 소각로, 유동상 소각로, 로터리킬른, 다단식 소각로

09. 해설

반응식 $2H_2CrO_4 + 6H_2SO_4 + 6FeSO_4 + 3Ca(OH)_2 \rightarrow 2Cr(OH)_3 + CaSO_4 + 3Fe(OH)_3 + 8H_2O$

$2\times 118g \quad : \quad 6\times 152g$

$\dfrac{20mg(Cr)}{L} \times \dfrac{118(H_2CrO_4)}{52(Cr)} \times 20m^3 \times \dfrac{10^3 L}{1m^3} \times \dfrac{1kg}{10^6 mg} \quad : \quad X, \qquad \therefore X = 3.51kg$

정답 3.51kg

10. 해설

(1) Worrell식에 의한 선별효율 계산

식 $E = (R_\eta) \times (W_\eta) = \left(\dfrac{R_c}{R_i} \times \dfrac{W_o}{W_i}\right) \times 100$

- R_c : 회수된 회수대상물질 = $1,400 kg/hr$
- R_i : 회수 대상물질 = $1,400 + 100 = 1,500 kg/hr$
- W_o : 제거된 제거대상물질 = $500 - 100 = 400 kg/hr$
- W_i : 제거 대상물질 = $2,000 - (1,400 + 100) = 500 kg/hr$

$\therefore E = \left(\dfrac{1,400}{1,500} \times \dfrac{400}{500}\right) \times 100 = 74.67\%$

정답 74.67%

(2) Rietema식에 의한 선별효율 계산

식 $E = \left(\dfrac{R_c}{R_i} - \dfrac{W_c}{W_i}\right) \times 100(\%)$

- R_c : 회수된 회수대상물질 = $1,400 kg/hr$
- R_i : 회수 대상물질 = $1,400 + 100 = 1,500 kg/hr$
- W_c : 회수된 제거대상물질 = $1,500 - 1,400 = 100 kq/hr$
- W_i : 제거 대상물질 = $2,000 - (1,400 + 100) = 500 kg/hr$

$\therefore E = \left(\dfrac{1,400}{1,500} - \dfrac{100}{500}\right) \times 100(\%) = 73.33\%$

정답 73.33%

11. 해설

- 폐열 보일러
- 열교환기(과열기, 재열기, 절탄기, 공기예열기)
- 수트 블로워(Soot blower)
- 증기터빈

12. 해설

[식] 재의 밀도 = $\dfrac{\text{재의 질량}}{\text{재의 부피}}$

∴ 재의 밀도 = $\dfrac{10\text{톤} \times 0.3 \times \dfrac{10^3 kg}{1\text{톤}}}{2.5 m^3}$ = $1,200 kg/m^3$

13. 해설

① 가압통풍(압입통풍)　② 흡인통풍
③ 평형통풍　　　　　　④ 자연통풍

14. 해설

[식] 유기물(%) = (휘발성 고형물/고형물) × 100

- 휘발성 고형물 = 강열감량 - 수분 = 65-30 = 35%

∴ 유기물(%) = (35/70) × 100 = 50%

15. 해설

① pH : 6~8　　　② 온도 : 50~60℃
③ 수분 : 50~60%　④ C/N 비 : 25~30
⑤ 적정한 입도 : 통상 10~20mm의 입도를 가진 폐기물이 적합
⑥ 공기공급 : 산소로 폐기물 체적당 5~15%

16. 해설

[식] 쓰레기 발생량 = $\dfrac{\text{총 수거량(kg)}}{\text{수거대상인구(인)}}$

∴ W_d = $\dfrac{4,500 m^3}{1\text{주}} \times \dfrac{500 kg}{m^3} \times \dfrac{1}{200,000\text{명}} \times \dfrac{1\text{주}}{7\text{일}}$ = $1.61 kg/\text{인} \cdot \text{일}$

17. 해설

(1) 호기성 소화조 용적(m³)

식 $\forall = Q \cdot t$

$\therefore \forall = \dfrac{50m^3}{day} \times 20day = 1,000m^3$

정답 $1,000m^3$

(2) 유기물 부하율(kgVS/m³·day)

식 $L_v = \dfrac{VS}{소화조 용적}$

- $VS = \dfrac{50m^3}{day} \times \dfrac{5\,TS}{100\,SL} \times \dfrac{60\,VS}{100\,TS} \times \dfrac{10^3 kg}{1m^3} = 1,500 kg/day$

$\therefore L_v = \dfrac{1,500}{1,000} = 1.5 kg/m^3 \cdot day$

정답 $1.5 kg/m^3 \cdot day$

18. 해설

① 우수침투 방지
② 식물의 성장을 위한 토양
③ 매립가스의 유출차단
④ 해충 서식 억제
⑤ 침식방지

UNIT 07 2022년 제4회 기사 필답형

01. 해설

식) 연간 소요 부지면적 = $\dfrac{\text{폐기물 부피}}{\text{매립 깊이}}$

• 폐기물 부피 = $\dfrac{300톤}{일} \times \dfrac{m^3}{650kg} \times \dfrac{10^3 kg}{1톤} \times (1-0.4) \times \dfrac{365일}{1년} = 101,076.9231 m^3/년$

∴ 연간 소요 부지면적 = $\dfrac{101,076.9231 m^3}{년} \times \dfrac{100}{70} \times \dfrac{1}{1.5m} = 96,263.74 m^2$

02. 해설

(1) 문제점
- 소음진동 발생
- 분진 발생
- 폭발 우려

(2) 대책
- 방음벽, 방진패드 - 소음진동 대책
- 집진설비 - 분진 대책
- 산소의 농도가 10% 이하로 혼입되도록 억제하고 폐기물의 선별작업을 통해 폭발성물질을 제거 - 폭발 대책

03. 해설

(1) 연직차수막

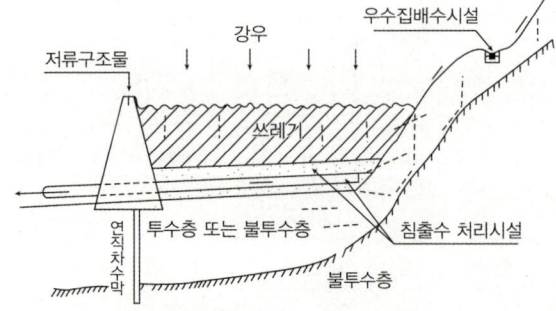

(2) 표면차수막

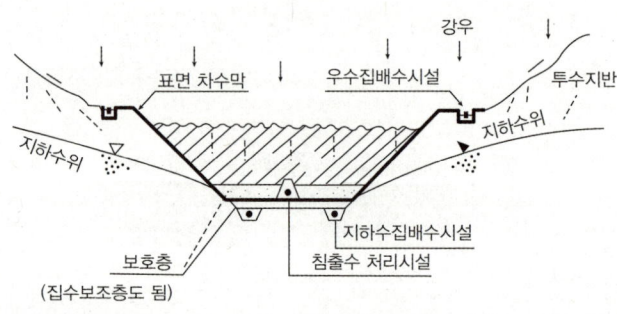

비교항목	연직차수공	표면차수공
채용 조건	지중에 암반이나 점토층이 수평으로 존재하는 경우	매립지 지반에 불투수층이 존재하지 않고 지반의 투수계수가 큰 경우
지하수 집배수시설	불필요	필요
차수성의 확인	확인이 어려움	시공 후 시운전시에만 확인가능, 매립시작 후에는 확인이 어려움
경제성	차수공의 단위면적당 공사비는 많이 들고 총 공사비는 적게 든다.	차수공의 단위면적당 공사비는 적게 들고, 총 공사비는 많이 든다.
보수의 용이성	보강시공이 가능	어려움

04. 해설

식 $CR = \dfrac{V_i}{V_f}$

- $VR = \dfrac{V_i - V_f}{V_i} = \left(1 - \dfrac{V_f}{V_i}\right) = \left(1 - \dfrac{1}{CR}\right)$

∴ $CR = \dfrac{1}{1 - VR}$

05. 해설

① 과열기   ② 재열기
③ 절탄기   ④ 공기예열기

06. 해설

식 $A_o = O_o \times \dfrac{1}{0.21}$

반응식 $C_xH_y + \left(x + \dfrac{y}{4}\right)O_2 \rightarrow xCO_2 + \dfrac{y}{2}H_2O$

$\quad\quad 1 \;\; : \;\; \left(x + \dfrac{y}{4}\right)$

∴ $A_o = \left(x + \dfrac{y}{4}\right) \times \dfrac{1}{0.21} = (4.76x + 1.19y)\, Sm^3$

07. 해설

(1) 25~50(또는 25~30)
(2) C/N가 너무 높으면 많은 탄소가 탄산가스로 휘산되어 탄소함량이 줄어들어 C/N비가 저하되고 미생물의 증식이 억제되며 유기산이 형성되어 pH가 낮아지며 증식속도가 감소되면서 퇴비화 소요일수가 늘어나게 된다.
(3) C/N가 너무 낮으면 질소가 암모니아가스 또는 질소가스로 공기 중으로 휘발되어 질소함량이 줄어들고 악취가 발생한다.

08. 해설

(1) 소각로의 용적

식 열부하율 = $\dfrac{[(Hl) + (A \times C_p \times t)] \times G_f}{\forall}$

- $Hl = 1,000\,kcal/kg$
- G_f(연료투입량) = 200톤/일
- A(실제 공기량) = $mA_o = 2.4 \times 1.8 = 4.32\,m^3/kg$
- $C_p = 0.319\,kcal/m^3 \cdot ℃$
- t(예열온도) = 210℃

$12.5 \times 10^4 kcal/m^3 \cdot hr = \dfrac{\left[\left(\dfrac{1,000\,kcal}{kg}\right) + \left(\dfrac{4.32\,m^3}{kg} \times \dfrac{0.319\,kcal}{m^3 \cdot ℃ \cdot hr} \times 210℃\right)\right] \times \dfrac{200톤}{일} \times \dfrac{10^3 kg}{1톤} \times \dfrac{1일}{24hr}}{\forall}$

∴ $\forall = 85.96\,m^3$

(2) 평균로고(m)

식 평균로고 = $\dfrac{\text{소각로 용적}}{\text{화격자 면적}}$

∴ 평균로고 = $\dfrac{85.96}{42.05} = 2.04\,m$

09. 해설

바지선에 폐기물을 싣고, 투하지점에서 바지선의 밑면을 개방하여 매립하는 방식

10. 해설

(1) 이론산소량(m^3)

반응식 $CH_3OH + 1.5O_2 \rightarrow CO_2 + 2H_2O$

　　　　32kg : $1.5 \times 22.4\,m^3$
　　　　1kg : X,　　　　∴ $X(O_o) = 1.05\,m^3$

(2) 이론공기량(m^3)

식 $A_o = O_o \times \dfrac{1}{0.21}$

∴ $A_o = 1.05 \times \dfrac{1}{0.21} = 5\,m^3$

(3) 이론습연소가스량(m^3)

식 $G_{ow} = (1 - 0.21)A_o + CO_2 + H_2O$

반응식 CH₃OH + 1.5O₂ → CO₂ + 2H₂O
32kg : 1.5×22.4m³ : 22.4m³ : 2×22.4m³
1kg : X : 0.7m³ : 2×0.7m³

∴ $G_{ow} = (1-0.21) \times 5 + 0.7 + (2 \times 0.7) = 6.05 m^3$

11. 해설

(1) 장점
① 혼합율(MR)이 낮다.
② 중금속의 처리에 효과적이다.
③ 탈수 등의 전처리가 필요없다.

(2) 단점
① 장치의 규모가 크고, 숙련된 기술을 요한다.
② 보조 에너지를 사용하여야 한다.
③ 많은 황화합물을 가지는 슬러지에만 적용가능하다.

12. 해설

① 원소분석에 의한 방법
② 추정식에 의한 방법(3성분 분석)
③ 단열열량계에 의한 방법

13. 해설

반응식 $C_a H_b O_c N_d \rightarrow n C_w H_x O_y N_z + m CH_4 + ⓐ CO_2 + r H_2 O + (d-nz) NH_3$

식 $a(탄소수) = nw + m + ⓐ$

∴ ⓐ $= a - (nw + m)$

14. 해설

식 $SL_1(1-X_{w1}) = SL_2(1-X_{w2})$

$SL_1 \times 0.6 = SL_2 \times (1-0.2)$

∴ $\dfrac{SL_2}{SL_1} = \dfrac{0.6}{0.8} = 0.75 ≒ 75\%$

15. 해설
① 증류법　　② 스트리핑　　③ 용매추출법

16. 해설
① 폐기물의 성상
② 매립깊이
③ 강수량
④ 폐기물 매립방법
⑤ 주변 토양의 특성

17. 해설
[식] $BF = 0.83 - (0.028\,LC)$

- LC : 휘발성 고형분 중 리그닌 함량(%)

$\therefore BF = 0.83 - (0.028 \times 21.9) = 0.2168 ≒ 21.68\%$

18. 해설
[식] 열전달속도 $= \dfrac{\text{내벽온도} - \text{외벽온도}}{R_1 + R_2 + R_3}$

- $R = \dfrac{\text{벽돌 두께}}{\text{열전도율}}$

$175 = \dfrac{(800 - \text{외벽온도})}{\left(\dfrac{0.23}{0.104}\right) + \left(\dfrac{0.114}{0.0595}\right) + \left(\dfrac{0.21}{1.04}\right)}$,　$\therefore$ 외벽온도 $= 42.35\,℃$

[정답] 42.35℃

UNIT 08 2023년 제1회 기사 필답형

01. 해설

식) $CH_4 = 폐기물 \times \dfrac{TS}{폐기물} \times \dfrac{VS}{TS} \times \dfrac{BVS}{VS} \times BVS전환율 \times 가스발생량$

$CH_4(m^3) = 20kg(W) \times \dfrac{(100-20)TS}{100(W)} \times \dfrac{70VS}{100TS} \times \dfrac{50BVS}{100VS} \times \dfrac{90}{100} \times \dfrac{300m^3}{kg\,BVS} = 1512L$

정답) 1,512L

02. 해설

반응식) $C_6H_{12}O_6 + 6O_2 \rightarrow 6CO_2 + 6H_2O$

   180kg : 6×32kg

    1kg : X,   ∴ $X = 1.07 kg$

정답) 1.07kg

03. 해설

① 발생되는 배기가스량이 적다.
② 황 및 중금속이 회분 속에 고정되는 비율이 크다.
③ 환원성 분위기가 유지되므로 Cr^{3+} 이 Cr^{6+} 으로 산화되기 어렵다.
④ 소각법에 비하여 NOx의 발생량이 적다.
⑤ 연료로 사용가능한 부산물을 얻을 수 있다.

04. 해설

① 용출 손실률이 낮다.
② 수용액의 침투에 저항성이 매우 크다.
③ 고형화된 폐기물을 나중에 회수하여 재활용이 가능하다.
④ 크고 복잡한 장치와 고도의 기술이 필요하다.
⑤ 높은 온도에서 분해되는 물질에는 사용할 수 없다.
⑥ 폐기물 건조가 필요하다.
⑦ 화재의 위험성이 있다.
⑧ 혼합율이 비교적 높다.

05. 해설

① 목적 및 범위 설정(Goal Definition Scoping) (1단계)
② 목록분석(Inventory Analysis) (2단계)
③ 영향평가(Impact Analysis or Assessment) (3단계)
④ 개선 평가 및 해석 (Improvement Assessment) (4단계)

암기TIP 목 목 영 개!

06. 해설

① 경향법(Trend법) : 시간에 따른 폐기물의 발생량 예측(시간 고려)
② 동적모사법 : 시간에 따른 폐기물의 발생과 자연적 특성, 사회적 특성, 경제적 특성 등 영향인자를 시간에 대한 함수로 표시하여 발생량 예측(시간, 영향인자 고려)
③ 다중회귀법 : 자연적 특성, 사회적 특성, 경제적 특성 등 영향인자를 고려하여 발생량 예측(영향인자 고려)

암기TIP 예측하면 겉돈다 - 경 동 다

07. 해설

① 시멘트 기초법
② 석회 기초법
③ 유기중합체법
④ 자가시멘트법
⑤ 피막형성법(표면 캡슐화법)

08. 해설

① 내수배제 또는 수중투기공법 : 호안을 구축하여 폐기물을 매립하는 방법
② 순차투입공법 : 호안측으로부터 순차적으로 투입하여 매립하는 방법
③ 박층뿌림공법 : 바닥이 뚫린 바지선 등으로 쓰레기를 투입하여 매립하는 방법

09. 해설 이론공기량(kg)

식 $A_{om} = O_{om} \times \dfrac{1}{0.232}$

반응식 $C_5H_7O_2N + 5.75O_2 \rightarrow 5CO_2 + 3.5H_2O + N_2$

　　　　113kg 　: 5.75×32kg
　　　2kg×0.8 　: X, 　　　　$X = 2.6053 kg$

∴ $A_{om} = 2.6053 \times \dfrac{1}{0.232} = 11.23 kg$

정답 11.23kg

10. 해설

식 $\theta_g = \theta_w$

식 총괄열전달계수×전열면적×연소가스온도차 = 급수량×물의비열×급수온도

• 급수량 = $\dfrac{150톤}{hr} \times \dfrac{10^3 kg}{1톤} = 150,000 kg/hr$

$25 \times 전열면적 \times (650-250) = 150,000 \times 1 \times (150-50)$, ∴ 전열면적 = $1500 m^2$

정답 $1500 m^2$

11. 해설

식 증발되는 수분량 = 건조전 폐기물(W_1) − 건조후 폐기물(W_2)

$W_1(1-X_{w1}) = W_2(1-X_{w2})$

$100 kg \times (1-0.8) = W_2 \times (1-0.4)$, $W_2 = 33.3333 kg$

∴ 증발되는 수분량 = $100 - 33.3333 = 66.67 kg$

정답 66.67kg

12. 해설

(1) 식 유효경(유효입경) = $D_{10} = 0.08 mm$

정답 0.08mm

(2) 식 균등계수 = $\dfrac{D_{60}}{D_{10}} = \dfrac{0.57}{0.08} = 7.13$

정답 7.13

13. 해설

㉠ 후드 → ㉢ 덕트 → ㉤ 여과집진기(BF) → ㉣ 선택적촉매환원법(SCR) → ㉡ 송풍기

14. 해설

㉠ 용해성중금속 : 용제선별

㉡ 철성분 : 자석선별

㉢ 플라스틱/고무류 : 저온파쇄선별

㉣ 종이/플라스틱 : 정전기선별

㉤ 색유리 : 광학선별

㉥ 비철금속 : 와전류 분리

15.

[식] $\ln\left(\dfrac{C_t}{C_o}\right) = -k \times t$

$\ln\left(\dfrac{0.5C_0}{C_0}\right) = -k \cdot t$

$\ln(0.5) = -0.0665/hr \times t(hr)$, ∴ $t = 10.42\,hr$

[정답] 10.42hr

16.

(1) $2HCl + Ca(OH)_2 \rightarrow CaCl_2 + 2H_2O$

(2) $HCl + NH_3 \rightarrow NH_4Cl$

(3) $SO_2 + CaCO_3 + 0.5O_2 \rightarrow CaSO_4 + CO_2$

17.

(가) Worrell식에 의한 선별효율 계산

[식] $E = (R_\eta) \times (W_\eta) = \left(\dfrac{R_c}{R_i} \times \dfrac{W_o}{W_i}\right) \times 100$

- R_c : 회수된 회수대상물질 $= 600\,kg/hr$
- R_i : 회수 대상물질 $= 600 + 100 = 700\,kg/hr$
- W_o : 제거된 제거대상물질 $= 1200 - 100 = 1100\,kg/hr$
- W_i : 제거 대상물질 $= 2{,}000 - (600 + 100) = 1300\,kg/hr$

∴ $E = \left(\dfrac{600}{700} \times \dfrac{1100}{1300}\right) \times 100 = 72.53\%$

[정답] 72.53%

(나) Rietema 식에 의한 선별효율 계산

[식] $E = \left(\dfrac{R_c}{R_i} - \dfrac{W_c}{W_i}\right) \times 100(\%)$

- R_c : 회수된 회수대상물질 $= 600\,kg/hr$
- R_i : 회수 대상물질 $= 600 + 100 = 700\,kg/hr$
- W_c : 회수된 제거대상물질 $= 800 - 600 = 200\,kg/hr$
- W_i : 제거 대상물질 $= 2{,}000 - (600 + 100) = 1300\,kg/hr$

∴ $E = \left(\dfrac{600}{700} - \dfrac{200}{1300}\right) \times 100(\%) = 70.33\%$

[정답] 70.33%

18. 해설

> 보기
> - 침출수량의 대부분은 (강수량)에 따라 결정된다.
> - 침출수는 매립초기에는 (산성)이나 시간이 경과함에 따라 (알칼리성)을 나타낸다.
> - 온도가 높아짐에 따라 pH는 (높아)지고, pH가 (낮을)수록 중금속 용출가능성이 커진다.
> - COD는 매립경과연수가 증가함에 따라 COD/TOC의 비는 점진적으로 (감소)하는 경향이 있다.

19. 해설

식 $Hl = Hh - 600(9H + W)$

- $Hh = 8,100C + 34,000\left(H - \dfrac{O}{8}\right) + 2,500S - MW(분자량) = 964$

$Hh = 8,100 \times \dfrac{12 \times 30}{964} + 34,000 \times \left(\dfrac{1 \times 50}{964} - \dfrac{(16 \times 10)/964}{8}\right) + 2,500 \times \dfrac{1 \times 32}{964} = 4,165.98\,kcal/kg$

$\therefore Hl = 4,165.98 - 600 \times \left(9 \times \dfrac{50}{964} + \dfrac{20 \times 18}{964}\right) = 3661.83\,kcal/kg$

정답 3,661.83 kcal/kg

20. 해설

식 $C_{HCl} = \dfrac{HCl}{연소가스}$

- $HCl = \dfrac{45kg(C_6H_5Cl)}{hr} \times \dfrac{36.5kg(HCl)}{112.5kg(C_6H_5Cl)} \times \dfrac{22.4m^3}{36.5kg} = 8.96\,m^3/hr$

반응식 $C_6H_5Cl + 7O_2 \rightarrow 6CO_2 + 2H_2O + HCl$
           1   :   1
  (C_6H_5Cl과 HCl은 1 : 1 반응)

- 연소가스 = $1,000\,m^3/hr$

$\therefore C_{HCl} = \dfrac{8.96\,m^3/hr}{500\,m^3/hr} \times 100 = 1.79\%$

정답 1.79%

2023년 제2회 기사 필답형

01. 해설

식 $t_o = \dfrac{Hl}{G \cdot C_p} + t$

- $Hl = Hh - 480 \sum iH_2O = 9{,}500 - 480 \times 2 = 8{,}540\,kcal/m^3$

반응식 $CH_4 + 2O_2 \rightarrow CO_2 + 2H_2O$
  $\quad\quad\quad 1m^3 \;\;:\;\; 2m^3$

$\therefore\; t_o = \dfrac{8{,}540}{10 \times 0.35} + 15 = 2{,}455\,℃$

02. 해설

식 차수층 통과시간 $(t) = \dfrac{L}{V} = \dfrac{d}{\dfrac{KI}{n}} = \dfrac{d}{\dfrac{K \times (d+h)/d}{n}} = \dfrac{d^2 n}{K \times (d+h)}$

- d : 차수층의 두께 = $90cm = 0.9m$
- H : 침출수 수두 = $30cm = 0.3m$
- n : 유효공극률 = 0.25

$t = \dfrac{\sec}{10^{-7}cm} \times \dfrac{1day}{86400\sec} \times \dfrac{1year}{365day} \times \dfrac{100cm}{1m} \times \dfrac{(0.9m)^2 \times 0.25}{(0.9+0.3)m} = 5.35년$

정답 5.35년

03. 해설

식 매립지 사용년수$(year) = \dfrac{매립지\;용량}{폐기물\;발생량 + 복토}$

- 폐기물 발생량 $= \dfrac{1.3kg}{인 \times 일} \times 20{,}000{,}000인 \times \dfrac{1m^3}{600kg} \times \dfrac{365일}{1년} = 15{,}816{,}666.67\,m^3$

$\therefore\;$ 매립연한$(year) = \dfrac{230{,}000{,}000\,m^3}{15{,}816{,}666.67\,m^3/year \times \dfrac{5}{4}} = 11.63\,year$

정답 11.63year

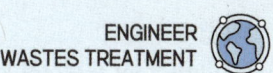

04. 해설

(가) 최소 여과면적(m²)을 계산하시오.

식 여과면적(A_f) = $\dfrac{\text{고형물}}{\text{여과속도}}$

- 고형물 = $\dfrac{80\text{kg}}{\text{m}^3} \times \dfrac{300\text{m}^3}{\text{day}} \times \dfrac{1\text{day}}{8\text{hr}} \times (1 + 0.25 \times 0.5) = 3{,}375\text{kg/hr}$

- 여과속도 = 15kg/m² · hr

∴ 여과면적(A_f) = $\dfrac{3{,}375}{15} = 225\text{m}^2$

(나) 탈수 Cake의 양(ton/day)을 계산하시오.

식 Cake = TS농도 × 슬러지량 × $\dfrac{1}{(1-X_w)}$

∴ Cake = $\dfrac{3{,}375\text{kg}}{\text{hr}} \times \dfrac{1\text{톤}}{10^3\text{kg}} \times \dfrac{100\text{SL}}{(100-70)\text{TS}} \times \dfrac{8\text{hr}}{1\text{day}} = = 90 ton/day$

05. 해설

- 적당한 크기와 형상을 가질 것
- 발열량이 3,500kcal/kg 이상일 것(저위 발열량 기준, 발열량이 높을수록 좋음)
- 수분이 10% 이하일 것(적을수록 좋음)
- 회분(재)이 20% 이하일 것(적을수록 좋음)
- 염소 함유량이 2% 이하일 것
- 황 함유량이 0.6% 이하일 것
- 중금속함유량이 기준치 이하일 것
- 저장 및 수송이 용이할 것
- 기존의 시설에 적용이 용이할 것
- 대기오염이 적을 것

06. 해설

반응식 $C_aH_bO_cN_d + 0.5(ny+2s+r-c)O_2 \rightarrow nC_wH_xO_yN_z + sCO_2 + rH_2O + (d+nz)NH_3$

반응식 $[C_6H_7O_2(OH)_3]_7 + 24O_2 \rightarrow [C_6H_7O_2(OH)_3]_3 + 24CO_2 + 20H_2O$

$a = 6 \times 7 = 42$, $\quad b = (7+3) \times 7 = 70$

$c = (2+3) \times 7 = 35$, $\quad d = 0$

$n = 1$, $\quad w = 6 \times 3 = 18$

$x = (7+3) \times 3 = 30$, $\quad y = (2+3) \times 3 = 15$

$z = 0$, $\quad s = a - nw = 42 - (1 \times 18) = 24$

$r = 0.5(b - nx - 3(d-nz)) = 0.5 \times (70 - 1 \times 30 - 3 \times (0 - 1 \times 0)) = 20$

$$[C_6H_7O_2(OH)_3]_7 + 24O_2 \rightarrow [C_6H_7O_2(OH)_3]_3 + 24CO_2 + 20H_2O$$
1134kg   : 24×32kg
1134kg   : Xkg   ∴ X = 768kg

정답 768kg

07. 해설
① 안정성 증가
② 비표면적 증가
③ 운반비 감소(단, 폐지만 예외)
④ 안정화기간 단축
⑤ 건조성과 연소성 향상(소각, 열분해, 퇴비화 효율 향상)
⑥ 선별효율 향상(유가물의 분리)
⑦ 겉보기 비중의 증가(매립지 수명 연장 및 지질의 개선)
⑧ 입경분포의 균일화

08. 해설
① 상향연소방식(역류식, 향류식) : 연소가스의 흐름과 폐기물의 흐름이 서로 반대인 향류접촉의 형태, 저질쓰레기의 연소 시 채택(발열량 낮고, 수분함량 높은 폐기물)
② 하향연소방식(병류식) : 연소가스의 흐름과 폐기물의 흐름이 서로 같은 병류접촉의 형태, 고질쓰레기의 연소시 채택(발열량 높고, 휘발분 많고, 수분함량 낮은 폐기물)

09. 해설 식 총 발열량(kcal/kg)= $0.4 \times 1,700 + 0.35 \times 1,200 + 0.25 \times 1,400 = 1,450\,kcal/kg$

10. 해설

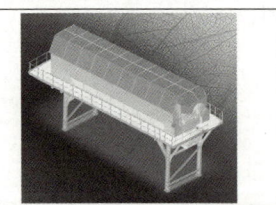
trommel screen
(트롬멜 스크린(체선별))

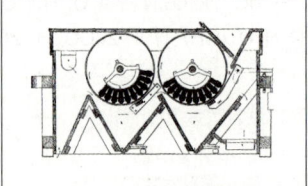
electro separator
(정전기 선별)

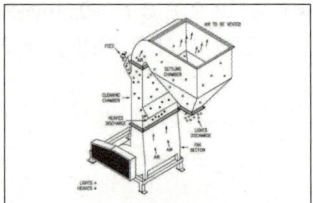
pneumatic separator
(공기 선별)

11. 해설 식 $A_o = O_o \times \dfrac{1}{0.21}$

반응식 $C_6H_{10}O_5 + 6O_2 \rightarrow 6CO_2 + 5H_2O$

$\qquad 162\,kg \;:\; 6 \times 22.4\,Sm^3$

$\qquad 1 \times 0.38\,kg \;:\; X, \qquad X(O_o) = 0.3152\,Sm^3$

$\therefore A_o = 0.3152 \times \dfrac{1}{0.21} = 1.5\,Sm^3$

12. 해설

(1) 메탄양(m^3)

식 $CH_4 = 폐기물 \times \dfrac{TS}{폐기물} \times \dfrac{VS}{TS} \times \dfrac{BVS}{VS} \times BVS전환율 \times 가스발생량$

$CH_4(m^3) = 10\,ton(W) \times \dfrac{1,000\,kg}{1\,ton} \times \dfrac{(100-30)TS}{100(W)} \times \dfrac{85VS}{100TS} \times \dfrac{70BVS}{100VS} \times \dfrac{90}{100} \times \dfrac{0.5\,m^3}{kg\,BVS} = 1874.25\,m^3$

정답 $1,874.25\,m^3$

(2) 금전적 가치(원)

식 $X(원) = 1,874.25\,m^3 \times \dfrac{5,250\,kcal}{m^3} \times \dfrac{5,500원}{10^5\,kcal} = 541,189.69원 = 541,190원$

정답 541,190원

13. 해설 황산, 염산, 질산, 아세트산(초산) 등

14. 해설
① 과열기　　② 재열기
③ 절탄기　　④ 공기예열기

15. 해설

식 $E = C \ln\left(\dfrac{d_{p1}}{d_{p2}}\right)^n$

- $E_1 = C \times \ln\left(\dfrac{10}{1}\right)^1 = 2.3025\,C$

- $E_2 = C \times \ln\left(\dfrac{10}{2}\right)^1 = 1.6094\,C$

$\therefore \dfrac{E_1}{E_2} = \dfrac{2.3025\,C}{1.6094\,C} = 1.43$

정답 1.43배

16. 해설
1) USI(사용자 만족도 지수) : 서비스를 받는 사람들의 만족도를 설문조사하여 계산하는 방법으로 설문 문항은 6개로 구성되어 있으며 총점은 100점이다.
2) CEI(지역사회 효과지수) : 가로의 청결상태를 기준으로 청소상태를 평가

17. 해설
① 직접계근법 ② 적재차량계수분석법
③ 물질수지법 ④ 전수조사법

18. 해설

식 $Q = CIA$

- $C = 0.75$
- $A = 100,000 m^2$
- $I = \dfrac{5,000}{t+40} = \dfrac{5,000}{33.7777+40} = 67.7711 mm/hr$
- $t =$ 유입시간 $+$ 유하시간 $= \left(360\sec \times \dfrac{1\min}{60\sec}\right) + \dfrac{500m}{\dfrac{0.3m}{\sec} \times \dfrac{60\sec}{1\min}} = 33.7777 \min$

$\therefore Q = 0.75 \times 100,000 m^2 \times \dfrac{67.7711 mm}{hr} \times \dfrac{1m}{10^3 mm} \times \dfrac{1hr}{3600\sec} = 1.41 m^3/\sec$

정답 $1.41 m^3/\sec$

19. 해설

(1) pH 2 이하 : (폐산)
(2) 기름성분을 5퍼센트 이상 함유한 것 : (폐유)
(3) 수분함량이 95퍼센트 미만이거나 고형물함량이 5퍼센트 이상인 것 : (오니류)

20. 해설
① 발생되는 배기가스량이 적음.
② 황 및 중금속이 회분 속에 고정되는 비율이 큼.
③ 연료생성(온도에 따라 고체, 액체, 기체연료 생산)
④ 오염물질 발생이 거의 없음

UNIT 10 2023년 제4회 기사 필답형

01. 해설
  (1) 처리순서
   1) ⓒ 약품을 넣는다.
   2) ㉠ pH를 3~5로 맞춘다.
   3) ㉢ pH 중화한다.
   4) ㉣ 침전물 분리한다.
  (2) 사용되는 약품 2가지
   철염, 과산화수소

02. 해설
  ① 액성한계(LL) : 수분 함량이 높아짐에 따라 점토의 상태가 더 이상 플라스틱과 같지 못하고 액체상태로 되는 한계 수분 함량을 말한다.
  ② 소성한계(PL) : 수분 함량이 낮아짐에 따라 점토의 상태가 더 이상 플라스틱과 같지 못하고 부스러지게 되는데 이때의 한계 수분 함량을 말한다.
  ③ 소성지수(PI) : 액성한계와 소성한계의 차를 말한다.

03. 해설

> 보기
>
> 시료와 용매의 혼합비율(W/V) : (1 : 10)
> 진탕횟수 : (200) 회/분
> 진탕기 진폭 : (4~5) cm
> 진탕시간 : 6시간 연속

04. 해설 역삼투(R/O), 활성탄 흡착

> 참고

구분	항목	조건 I	조건 II	조건 III
침출수 상태	COD(mg/L)	> 10,000	500 ~ 10,000	< 500
	COD/TOC	2.7	2.0 ~ 2.7	2.0
	BOD/COD	0.5	0.1 ~ 0.5	0.1
	매립연한	짧음	중간	오래됨
처리 방법에 따른 처리성	생물학적 처리	좋음	보통	나쁨
	화학적 응집/침전	보통	나쁨	나쁨
	화학적 산화	보통/나쁨	보통	보통
	R/O	보통	좋음	좋음
	활성탄 흡착	보통/좋음	보통/좋음	좋음
	이온교환	나쁨	보통/좋음	보통

05. 해설

식) $Y = 1 - \exp\left[-(\frac{X}{X_o})^n\right]$

$0.90 = 1 - \exp\left[-\left(\frac{3.8}{X_o}\right)^1\right]$

$\therefore X_o = \dfrac{-3}{\ln(1-0.95)} = 1.65\,\text{cm}$

06. 해설

식) 중계시설 없을 경우 차량운반비용(원/km·톤)×운반거리(km)=중계시설 있을 경우 차량운반비용(원/km·톤)×운반거리(km)+중계시설 관리비용

식) 발생지에서 매립장에서 운반비용×운반거리=발생지에서 적환장까지 운반비용×운반거리+적환장에서 매립장까지 운반비용×운반거리+중계시설 관리비용

- 쓰레기 발생지부터 매립지까지의 거리 = $20\,km$
- 쓰레기 발생지부터 적환장까지의 거리 = $x\,km$
- 적환장에서부터 매립지까지의 거리 = $(20-x)\,km$

$\dfrac{3{,}000원}{km\cdot 톤} \times 20\,km = \dfrac{3{,}000원}{km\cdot 톤} \times X\,km + \dfrac{2{,}000원}{km\cdot 톤} \times (20-X)\,km + \dfrac{700원}{톤}$

$\therefore X = 19.3\,\text{km}$

정답) 19.3 km

07. 해설

(1) 수거된 폐기물의 부피(m³/일)를 구하시오.

[식] 폐기물의 부피 $= \dfrac{2.5 kg}{\text{인} \cdot \text{일}} \times 60,000\text{인} \times 0.95 \times \dfrac{1 m^3}{450 kg} = 316.67 m^3/\text{일}$

(2) 쓰레기 운반에 필요한 수거차량수를 계산하시오.

[식] 수거차량대수 $= 316.67 m^3/\text{일} \times \dfrac{1\text{대}}{8\text{톤}} \times \dfrac{0.45\text{톤}}{1 m^3} = 17.81 ≒ 18$대/일

(3) 연간 매립면적(m²/년)을 구하시오.

[식] 매립면적 $= \dfrac{\text{폐기물 부피}}{\text{매립깊이}} = \dfrac{316.67 m^3}{day} \times \dfrac{365 day}{1 year} \times \dfrac{1}{4 m} = 28,896.14 m^2$

08. 해설

[식] 전열기 연소량 $= \dfrac{\text{폐기물투입량}}{\text{전열면적}}$

[식] 입열 = 출열

- 입열 $= GC_p \Delta t = 200\text{톤} \times \dfrac{10^3 kg}{1\text{톤}} \times \dfrac{1 kcal}{kg \cdot ℃} \times (90-20)℃ = 14,000,000 kcal$

- 출열 $= G_f Hl = G_f \times \dfrac{8,000 kcal}{kg} \times \dfrac{65}{100} = 5,200 G_f (kcal)$

$14,000,000 = 5,200 G_f, \qquad G_f(\text{폐기물투입량}) = 2,692.3076 kg$

∴ 전열면적 $= \dfrac{2,692.3076}{200} = 13.46 m^2$

09. 해설

(1) 폐산 - pH (2) 이하
(2) 폐알칼리 - pH (12.5) 이상
(3) 폐유 : 기름성분을 (5)퍼센트 이상 함유한 것을 포함한다.
(4) 슬러지류(오니류) : 수분함량이 (95)퍼센트 미만이거나 고형물 함량이 (5)퍼센트 이상인 것으로 한정한다.

10. 해설

[식] $A_o = O_o \times \dfrac{1}{0.21}$

[반응식] $C_4H_8 + 6O_2 \rightarrow 4CO_2 + 4H_2O$
$\qquad\qquad 1 \quad : \quad 6$

∴ $A_o = 6 \times \dfrac{1}{0.21} = 28.57 m^3/m^3$

[참고] 뷰테인 $1 m^3$ 연소 시 이론공기량

[식] $A_o = O_o \times \dfrac{1}{0.21}$

[반응식] $C_4H_{10} + 6.5O_2 \rightarrow 4CO_2 + 5H_2O$
  $\qquad\qquad\quad 1\ :\ 6.5$

∴ $A_o = 6.5 \times \dfrac{1}{0.21} = 30.95 m^3/m^3$

11. [해설]
- 구동부분이 적어 고장이 적음
- 수분이 많은 슬러지류 등 다양한 성상의 폐기물 소각이 가능
- 로 내에서 산성가스의 제거가 가능(SO_x, NO_x 등)
- 유동 매체의 축열량이 많아 정지 후 가동이 빠름
- 과잉공기율이 적어 보조연료 사용량과 배출 가스량이 적음
- 연소시간이 짧고 미연분이 적어 연소효율이 좋음
- 교반력이 좋아 클링커가 발생하지 않음

> ※ 유동층 연소장치의 단점
> - 유동매체를 공급해야 하고 폐기물을 파쇄해야 함
> - 분진 발생률이 높음
> - 운전기술이 요구되며 정비 시 냉각시간이 필요
> - 압력손실이 높음
> - 부하변동에 따른 대응성이 낮음

12. [해설]
(1) QC/SD : 반건식반응탑
(2) BF : 백필터(여과집진장치)
(3) GH : 가스열교환기
(4) SCR : 선택적촉매환원법
(5) A/C : 활성탄

13. [해설]
- 비표면적이 큼
- 비극성
- 입도(입경)가 작음

14. 해설

① 우수 배제시설의 설치 및 관리
② 침출수 관리 및 처리시설의 가동
③ 발생가스 관리 및 회수 · 처리
④ 구조물 및 지반의 안정도 관리
⑤ 지하수 오염도 조사
⑥ 주변 환경오염도 조사 및 방역
⑦ 주변 환경영향 종합보고서 작성

15. 해설

식) 가스량(m^3/day) = $\dfrac{30톤(W)}{day} \times \dfrac{(100-30)(TS)}{100(W)} \times \dfrac{0.85VS}{TS} \times \dfrac{0.7BVS}{VS} \times \dfrac{90}{100} \times \dfrac{0.5m^3}{kg\,BVS} \times \dfrac{1,000kg}{1ton}$

$= 5,622.75\,m^3/day$

정답) $5,622.75\,m^3/day$

16. 해설

식) $NV = N'V'$

- $N = \dfrac{5mL}{100mL} \times \dfrac{1.84g}{1mL} \times \dfrac{10^3 mL}{1L} \times \dfrac{1eq}{98g/2} = 1.8775\,N(eq/L)$

- $V = 100\,m^3/day$

- $N' = \dfrac{10g}{100mL} \times \dfrac{10^3 mL}{1L} \times \dfrac{1eq}{40g} = 2.5N$

$1.8775N \times 100m^3/day = 2.5N \times V'$, ∴ $V' = 75.1\,m^3/day$

산성 0.05 들어가고 $100m^2/L$ 일 때 염기성 용량 구하기

17. 해설

(1) 고위발열량(kcal/kg)

식) $Hh = 8100C + 34000\left(H - \dfrac{O}{8}\right) + 2500S$

∴ $Hh = 8100 \times 0.2 + 34000 \times (0.14) + 2500 \times 0.005 = 6,392.5\,kcal/kg$

(2) 저위발열량(kcal/kg)

식) $Hl = Hh - 600(9H + W)$

∴ $Hl = 6,392.5 - 600 \times (9 \times 0.14 + 0.535) = 5315.5\,kcal/kg$

18. 해설

반응식 $C_aH_bO_cN_d + 0.5(ny+2s+r-c)O_2 \rightarrow nC_wH_xO_yN_z + sCO_2 + rH_2O + (d+nz)NH_3$

반응식 $[C_6H_7O_2(OH)_3]_7 + 24O_2 \rightarrow [C_6H_7O_2(OH)_3]_3 + 24CO_2 + 20H_2O$

$a = 6 \times 7 = 42,$ $\quad b = (7+3) \times 7 = 70$
$c = (2+3) \times 7 = 35,$ $\quad d = 0$
$n = 1,$ $\quad w = 6 \times 3 = 18$
$x = (7+3) \times 3 = 30,$ $\quad y = (2+3) \times 3 = 15$
$z = 0,$ $\quad s = a - nw = 42 - (1 \times 18) = 24$
$r = 0.5(b - nx - 3(d-nz)) = 0.5 \times (70 - 1 \times 30 - 3 \times (0 - 1 \times 0)) = 20$

$[C_6H_7O_2(OH)_3]_7 + 24O_2 \rightarrow [C_6H_7O_2(OH)_3]_3 + 24CO_2 + 20H_2O$

1134kg : 24×32kg
1134kg : Xkg ∴ X=768kg

정답 768kg

19. 해설

부식성, 유해성, 반응성, 인화성, 용출특성

20. 해설

(가) 최적 C/N비 범위 : 25 ~ 50

(나) C/N비가 너무 높은 경우 : C/N가 너무 높으면 많은 탄소가 탄산가스로 휘산되어 탄소함량이 줄어들어 C/N비가 저하되고 미생물의 증식이 억제되며 유기산이 형성되어 pH가 낮아지며 증식속도가 감소되면서 퇴비화 소요일수가 늘어나게 된다.

(다) C/N비가 너무 낮은 경우 : C/N가 너무 낮으면 질소가 암모니아가스 또는 질소가스로 공기 중으로 휘발되어 질소함량이 줄어들고 악취가 발생한다.

4 PART

제 4 편
부 록

01 폐기물 처리 틈새시장

02 폐기물 처리 공식정리

01 CHAPTER 폐기물 처리 틈새시장

여러분의 점수를 좀 더 두텁게 만들어 줄 자료입니다.

1 성분에 따른 일반쓰레기의 분류

① **Refuse** : 유해폐기물(지정폐기물)을 제외한 고상과 반고상폐기물을 칭한다.(재활용 가능한 폐기물과 불가능한 폐기물을 모두 칭함)
② **Garbage** : 무기물과 유기물 특성의 쓰레기(주로, 음식물쓰레기를 칭한다.)
③ **Rubbish** : 음식물쓰레기를 제외한 재활용이 가능한 쓰레기 (예 캔, 종이, 병 등)
④ **trash** : 필요하지 않아서 버린 폐기물(재활용 가능한 폐기물과 불가능한 폐기물을 모두 칭함)

2 의료폐기물

① **격리의료폐기물** : 감염병으로부터 타인을 보호하기 위하여 격리된 사람에 대한 의료행위에서 발생한 일체의 폐기물
② **위해의료폐기물** : 조직물류폐기물, 병리계폐기물, 손상성폐기물, 생물·화학폐기물, 혈액오염폐기물
③ **일반의료폐기물** : 혈액·체액·분비물·배설물이 함유되어 있는 탈지면, 붕대, 거즈, 일회용 기저귀, 생리대, 일회용 주사기, 수액세트

3 적환장의 종류

① **직접투하방식** : 큰 수거차량에 작은 수거차량이 폐기물을 투하하는 방식으로 건설비나 운영비가 저렴하나 폐기물을 압축할 수 없고 교통체증의 문제가 있다.
② **저장투하방식** : 저장피트에 폐기물을 투하 – 압축 – 큰 수거차량으로 수거되는 방식으로 대용량의 쓰레기처리에 적합하며, 교통체증의 문제가 없다.
③ **직접·저장투하방식** : 직접과 저장투하방식의 절충방식(부패성 쓰레기는 직접투입, 재활용품은 별도 투하)

4 3R

감량화(Reduction), 재이용(Reuse)/재활용(Recycle), 회수 이용(Recovery)

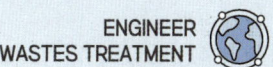

5 청소상태의 평가법

① **지역사회 효과지수**(Community Effect Index, CEI) : 가로의 청결상태를 기준으로 청소상태를 평가
② **사용자 만족도 지수**(User Satisfaction Index, USI) : 서비스를 받는 사람들의 만족도를 설문조사하여 계산하는 방법으로 설문 문항은 6개로 구성되어 있으며 총점은 100점이다.

6 선별공정의 종류

① 공기1선별법(풍력분별)
② 광학선별
③ 스크린선별법
④ 세카터
⑤ 테이블
⑥ 자석선별
⑦ jigs(수중체 선별법)
⑧ 스토너
⑨ 와전류 분리
⑩ 수선별
⑪ 정전기선별
⑫ 저온파쇄 선별
⑬ 부상(flotation)
⑭ 유동상 분리

7 체하분포

식 $Y = 1 - \exp\left[-\left(\dfrac{X}{X_o}\right)^n\right]$

식 $Y = 1 - \exp\left[-\beta \cdot X^n\right]$

- Y : 체하입자의 중량분율(%)   • X : 대상입자의 크기   • X_o : 특성입자의 크기   • n, β : 계수

8 소화율

(1) 유기물(VS)만 고려할 때

식 $E = \left(1 - \dfrac{VS_2}{VS_1}\right) \times 100$

(2) 유기물(VS)과 무기물(FS) 모두 고려할 때

식 $E = \left(1 - \dfrac{VS_2/FS_2}{VS_1/FS_1}\right) \times 100$

9 상향류 혐기성 슬러지상(UASB, 자기조립법)

조 내에 고액분리막을 설치하고, 슬러지가 Pellet(작고 동그란 덩어리)를 형성하게 하여 유기물을 제거하는 공법

〈특징〉
- 막힘의 우려가 없다.
- 고부하의 처리가 가능하다.
- 운전이 어렵다.

10 RDF의 종류

① **Fluff RDF** : 파쇄시킨 가연성 폐기물을 가장 단순한 방법으로 성형한 20~50mm 정도의 사각형모양
② **Powder RDF** : Fluff RDF를 0.5mm 이하로 파쇄시켜 분말화한 모양
③ **Pellet RDF** : Fluff RDF를 압밀 성형시켜 운반 및 보관, 단위 무게당 열량을 높이기 위해 Pellet으로 만든 원통형 모양의 고체연료

11 팽화제(Bulking Agent)

주로 탄소성분으로 이루어진 물질로 통기성개선, 수분조절, C/N조절을 위해 투입한다.(예 볏짚, 낙엽, 톱밥, 분쇄한 종이 등)

12 추정식에 의한 방법(저위발열량 산출)

$$Hl = 4500(VS)$$
$$Hl = 4500(VS) - 600(W)$$
$$Hl = 44.75(VS) - 5.85(W) + 21.2$$

13 통풍장치의 통풍력 증가요건

- 굴뚝높이 증가
- 배기가스 온도를 높임
- 굴뚝의 단면적을 작게 하여 토출속도를 빠르게 함
- 굴뚝 내면을 라이닝(코팅)하여 마찰 및 통풍저항을 적게 함

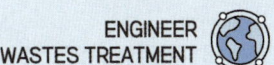

⑭ 유동층 소각로의 장단점

장점	단점
• 구동부분이 적어 고장이 적음 • 수분이 많은 슬러지류 등 다양한 성상의 폐기물 소각이 가능 • 로 내에서 산성가스의 제거가 가능(SO_x, NO_x 등) • 유동 매체의 축열량이 많아 정지 후 가동이 빠름 • 과잉공기율이 적어 보조연료 사용량과 배출 가스량이 적음 • 연소시간이 짧고 미연분이 적어 연소효율이 좋음 • 교반력이 좋아 클링커가 발생하지 않음	• 유동매체를 공급해야 하고 폐기물을 파쇄해야 함 • 분진 발생률이 높음 • 운전기술이 요구되며 정비 시 냉각시간이 필요 • 압력손실이 높음 • 부하변동에 따른 대응성이 낮음

⑮ 저온부식

① **원인** : 소각로의 온도가 산노점(산성가스가 액체로 응결되는 온도, 보통 150℃) 이하로 저하되는 경우 SO_x 또는 HCl이 응축되어 산을 형성하게 되고 소각로의 부식을 일으킨다. 저온부식의 원인물질은 주로 SO_x이다.
  • 저온부식이 가장 잘 일어나는 온도 : 200℃ 이하

② **대책**
  • 연소가스 온도를 산노점 이상으로 유지
  • 내산성이 있는 재료의 선정
  • 표면 라이닝
  • 보온시공

⑯ 다이옥신 저감을 위한 대표적 설비

① 촉매반응탑 ② 흡착탑(활성탄) ③ SCR ④ 여과집진기

⑰ 여과집진장치 탈진방식

① **간헐식** : 역기류식, 진동식, 역기류 진동식
② **연속식** : Pulse jet(충격제트식), Reverse jet(역기류제트식)

⑱ 합성차수막의 재료

① 고밀도 폴리에틸렌(HDPE, LDPE) ② CSPE ③ EPDM ④ BR
⑤ CPE ⑥ PVC ⑦ CR

19 토양의 정화 및 복구기술

① 생물학적 통풍법 ② 토양증기추출법 ③ 토양세척법
④ 동전기법 ⑤ 공기공급법 ⑥ 토양경작법

20 매립지 완성 후 주기적으로 모니터링을 해야 할 사항

① 우수 배제시설의 설치 및 관리 ② 침출수 관리 및 처리시설의 가동
③ 발생가스 관리 및 회수·처리 ④ 구조물 및 지반의 안정도 관리
⑤ 지하수 오염도 조사 ⑥ 주변 환경오염도 조사 및 방역
⑦ 주변 환경영향 종합보고서 작성 등

21 차단형 매립지의 차수재료

① 점토 ② 합성차수재(FML)
③ 혼합차수재(토양, 아스팔트, 벤토나이트 등의 혼합물) ④ 아스팔트계 차수재

22 질소산화물 발생억제(연소방법 개선) 방법

① 과잉공기량 삭감 및 저산소연소
② 2단연소
③ 연소용 공기 예열온도를 낮추거나 고온영역의 체류시간 단축
④ 배기가스 재순환
⑤ 농담연소
⑥ 저 NOx 버너
⑦ 수증기 및 물 분사

23 슬러지 개량방법

① 물리적 개량방법
② 화학적 개량방법
③ 열처리에 의한 슬러지 개량
④ 세정에 의한 슬러지 개량

24 지정폐기물 여부 판단식

$$C = C_o \times \frac{15}{100 - D}$$

- D : 함수율(%)

25 포틀랜드 시멘트의 주요 타입

① 보통 포틀랜드 시멘트
② 조강 포틀랜드 시멘트
③ 저열 포틀랜드 시멘트
④ 황산염 내성 포틀랜드 시멘트

26 침출수 집배수층재료와 주변물질의 입경비

- D15 / d85 < 5 : 침출수 집배수층이 주변물질에 의해 막히지 않기 위한 조건
- D15 / d15 > 5 : 침출수 집배수층이 충분한 투수성을 유지하기 위한 조건
  - D : 침출수 집배수층재료의 입경(필터재료)
  - d : 침출수 집배수층 주변물질의 입경(주변토양)

27 Bio-SRF에서 회수 가능한 금속성분

수은, 카드뮴, 납, 비소, 크로뮴(크롬)

28 매립지 조기 안정화를 위한 효율적인 운영방법

① 호기성 매립형태 채용(또는 매립지 내 공기주입)
② 침출수 재순환 공법
③ 미생물 및 영양물질 주입
④ 폐기물 파쇄 후 투입

29 플라스틱(Plastic) 폐기물의 소각 시 문제점

① 산성가스 발생(염화수소, 포름알데히드, 질소산화물 등)
② 다이옥신 발생
③ 이산화탄소 발생
④ 용융되어 통기공을 막거나 적하되어 고장 요인을 제공
⑤ 고온부식

02 CHAPTER 폐기물 처리 공식정리

1 폐기물개론

(1) 발생량 및 성상

① 1인 1일 폐기물발생량(ton/인·일) 산출방법

$$\text{1인 1일 폐기물발생량(ton/인·일)} = \frac{\text{총 쓰레기 발생량(톤)}}{\text{인구} \times \text{발생일수}}$$

② 밀도

$$\text{밀도} = \frac{\text{질량}}{\text{부피}}, \quad \text{부피} = \frac{\text{질량}}{\text{밀도}}, \quad \text{질량} = \text{부피} \times \text{밀도}$$

(2) 폐기물 발열량

① 추정식 방법

$$\text{저위발열량} = 4500\,VS - 600\,W$$

- VS : 가연분의 함량
- W : 수분함량

② 열량계에 의한 방법

고위발열량(Hh) = 열량계로 측정한 열량

저위발열량(Hl) = $Hh - 600(9H + W)$ (kcal/kg)
← 고체, 액체 연료기준

저위발열량(Hl) = $Hh - 480 \times$ 생성된 몰의 몰수 (kcal/m³)
← 기체 연료기준

③ 원소분석에 의한 방법

[Dulong의 식] 폐기물의 완전연소를 가정

$$Hh = 8100\,C + 34{,}000\left(H - \frac{O}{8}\right) + 2{,}500\,S \text{ (kcal/kg)}$$
← 고체, 액체 연료기준

$$Hl = Hh - 600(9H + W) \text{ (kcal/kg)}$$
← 고체, 액체 연료기준

- C : 탄소함량
- H : 수소함량
- O : 산소함량
- S : 황함량
- W : 수분함량

- $H - \dfrac{O}{8}$: 유효수소, 열량에 기여하는 유효한 수소로써 산소분은 이미 H_2O로서 결합수분으로 되어 있어 연소에 기여하지 않는다고 가정

(3) 폐기물 관리

① MHT(man·hr/ton) : 폐기물 1톤을 인부 1명이 수거 시 걸리는 소요시간

$$\text{MHT} = \frac{\text{수거인부} \times \text{수거시간}}{\text{폐기물 수거량}}$$

MHT는 작을수록 효율이 좋음

(4) 폐기물의 감량 및 재활용

① 압축 계산식

$$\text{압축비}(CR) = \frac{\text{압축전부피}(V_1)}{\text{압축후부피}(V_2)}$$

$$= \frac{\text{압축후밀도}(\rho_2)}{\text{압축전밀도}(\rho_1)}$$

부피감소율(VR)

$$= \frac{\text{압축전부피}(V_1) - \text{압축후부피}(V_2)}{\text{압축전부피}(V_1)} \times 100$$

$$= \left(1 - \frac{1}{CR}\right) \times 100$$

② 파쇄이론

㉠ kick 법칙

$$E = C \cdot \ln\left(\frac{X_1}{X_2}\right)^n$$

- E : 에너지
- C : 상수
- X_1 : 파쇄 전 입자의 직경
- X_2 : 파쇄 후 입자의 직경

③ 유효입경과 균등계수

㉠ 유효입경 : 입도 누적곡선상의 10%에 상당하는 입경

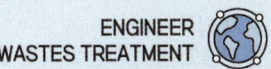

ⓒ 균등계수 : 입도 누적곡선상의 60% 입경 / 유효입경

식 균등계수$(U) = \dfrac{d_{p60}}{d_{p10}}$

ⓒ 곡률계수 : (입도 누적곡선상의 30% 입경)² / 유효입경 × 입도 누적곡선상의 60% 입경

식 곡률계수$(Z) = \dfrac{(d_{p30})^2}{(d_{p10} \times d_{p60})}$

④ 체하분포

식 $Y = 1 - \exp\left[-\left(\dfrac{X}{X_o}\right)^n\right]$

식 $Y = 1 - \exp[-\beta \cdot X^n]$

- Y : 체하입자의 중량분율(%)   · X : 대상입자의 크기
- X_o : 특성입자의 크기   · n, β : 계수

⑤ 트롬멜 스크린

식 최적속도 = 임계속도 × 0.45

식 임계속도 = $\sqrt{\dfrac{g}{4\pi^2 r}}$ (rpm, 회/min)

- r : 트롬멜스크린의 반경

⑥ 선별효율

㉠ Worrell식 = 회수대상 회수율 × 제거대상 제거율

식 $\eta_w = \dfrac{X_c}{X_i} \times \dfrac{Y_o}{Y_i}$

ⓒ Rietema식 = 회수대상 회수율 − 제거대상 회수율

식 $\eta_R = \dfrac{X_c}{X_i} - \dfrac{Y_c}{Y_i}$

- X_c : 회수된 회수대상물질   · X_i : 회수대상물질
- Y_o : 제거된 제거대상물질   · Y_i : 제거대상물질
- Y_c : 회수된 제거대상물질

⑦ 농축·건조·탈수

㉠ 물질수지

식 $SL_1(1 - X_{w1}) = SL_2(1 - X_{w2})$

ⓒ 슬러지의 비중

식 $\dfrac{100}{\rho_{SL}} = \dfrac{TS}{\rho_{TS}} + \dfrac{W}{\rho_W} = \dfrac{VS}{\rho_{VS}} + \dfrac{FS}{\rho_{FS}} + \dfrac{W}{\rho_W}$

2 폐기물 처리 기술

(1) 기계적 및 화학적 처분

① 물질수지 기초

식 $SL = TS + W = VS + FS + W$

식 $TS = SL \times X_{TS}$ (고형물 함량)

식 $SL = TS \times \dfrac{100}{X_{TS}(\text{고형물 함량})}$

식 $SL(\text{부피}) = SL(\text{질량}) \times \dfrac{1}{\rho_{SL}}$

② 농축

㉠ 표면적 부하

식 $L_A(\text{표면적 부하}) = \dfrac{Q}{A}$

- Q : 유입유량   · A : 농축조 수면적

ⓒ 체류시간

식 $t = \dfrac{\forall}{Q}$

- $\forall$: 조의 용적   · Q : 유입유량

③ A/S비(air/Soild)

식 $A/S = \dfrac{1.3 S_a(fP - 1)}{SS} \times R$

- S_a : 공기 용해도   · f : 분율
- P : 압력   · SS : 부유물질(SS)의 농도
- R : 반송비

④ 슬러지 물질수지

식 $TS_1 = TS_2$

식 $SL_1(1 - X_{w1}) = SL_2(1 - X_{w2})$

식 $TS + 약품 = SL_2(1 - X_{w1})$ (약품 첨가 시 약품량은 고형물함량에 포함)

⑤ 가압탈수(필터프레스)

식 여과비저항 = $\dfrac{2a \cdot P \cdot A^2}{\mu \cdot C}$

식 여과속도 = $\dfrac{TS}{A} = \dfrac{\text{고형물}(kg/hr)}{\text{여과면적}}$

- a : 상수   · P : 압력   · A : 여과면적
- μ : 점도   · C : 고형물의 농도

(2) 생물학적 처분

① BOD 제거효율

$$\eta = \left(1 - \frac{BOD_o}{BOD_i}\right) \times 100$$

$$P : 희석배수 = \frac{희석\ 후\ 부피(V_2)}{희석\ 전\ 부피(V_1)} = \frac{희석\ 전\ 염소농도(C_2)}{희석\ 후\ 염소농도(C_1)}$$

(희석이 있을 경우 농도에 희석배수를 곱하여 원래 농도로 환산한 후 제거효율식에 대입하여 답을 산출한다.)

② 소화율

㉠ 유기물(VS)만 고려할 때

$$E = \left(1 - \frac{VS_2}{VS_1}\right) \times 100$$

㉡ 유기물(VS)과 무기물(FS) 모두 고려할 때

$$E = \left(1 - \frac{VS_2/FS_2}{VS_1/FS_1}\right) \times 100$$

(3) 고화 및 고형화 처분

① 고형화처리 후의 부피변화

$$부피변화율(VCF) = \frac{V_2(고형화\ 후\ 부피)}{V_1(고형화\ 전\ 부피)}$$

- $V(부피) = m(질량) \times \dfrac{1}{\rho(밀도)}$

(4) 자원화

① C/N 산출

$$혼합\ C/N$$
$$= \frac{W_1 \times 탄소함량(W_1) + W_2 \times 탄소함량(W_2)}{W_1 \times 질소함량(W_1) + W_2 \times 질소함량(W_2)}$$
$$= \frac{W_1 \times C/N + W_2 \times C/N}{W_1 + W_2}$$

(5) 최종처분

① 매립지 면적 산출

$$A = \frac{\forall(매립되는\ 폐기물\ 부피)}{H(매립\ 깊이)}$$

- $\forall = m(질량) \times \dfrac{1}{\rho(밀도)}$

② 침출수량 계산

㉠ 합리식 이용

$$Q = CIA$$

- C : 유출계수
- I : 강우강도(mm/hr or day)
- A : 집수면적(m^2)

㉡ Darcy식 이용

$$V = \frac{KI_a}{n}$$

$$t = \frac{L}{V} = \frac{d}{\frac{KI}{n}} = \frac{d}{\frac{K \times (d+h)/d}{n}} = \frac{d^2 n}{K \times (d+h)}$$

- K : 투수계수(m/hr)
- I_a : 동수경사도(Δh(수두차)/L(d, 거리))
- $\epsilon(n)$: 공극률
- h : 침출수 수두

③ 혐기성 분해 반응식

$$C_a H_b O_c N_d + \left(\frac{4a-b-2c+3d}{4}\right) H_2O$$
$$\rightarrow \left(\frac{4a+b-2c-3d}{8}\right) CH_4 + \left(\frac{4a-b+2c+3d}{8}\right) CO_2$$
$$+ dNH_3$$

④ 반응속도

㉠ 0차 반응

$$C_0 - C_t = K \cdot t$$

㉡ 1차 반응

$$\ln \frac{C_t}{C_0} = -K \cdot t$$

㉢ 2차 반응

$$\frac{1}{C_0} - \frac{1}{C_t} = -K \cdot t$$

- C_0 : 초기 농도
- C_t : 나중 농도
- K : 반응속도상수
- t : 시간

※ 반감기 : 초기 농도가 50% 감소되는데 걸리는 시간

⑤ 유기성 폐기물의 생물분해성을 추정하는 식

$$BF = 0.83 - (0.028 \times LC)$$

- BF : 생물분해성 분율
- LC : 휘발성 고형분 중 리그닌 함량(건조무게 %로 표시)

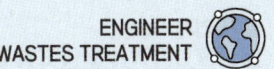

3 소각 및 열회수

(1) 연소

① 폭발상한계와 하한계

㉠ 상한계(U) : $\dfrac{100}{UEL} = \dfrac{V_1}{U_1} + \dfrac{V_2}{U_2} + \cdots + \dfrac{V_n}{U_n}$

㉡ 하한계(L) : $\dfrac{100}{LEL} = \dfrac{V_1}{L_1} + \dfrac{V_2}{L_2} + \cdots + \dfrac{V_n}{L_n}$

② 이론산소량

㉠ 고체, 액체연료의 이론산소량

식 $O_o = 1.8667C + 5.6H + 0.7S - 0.7O\,(m^3/kg)$
$O_o = 2.6667C + 8H + S - O\,(kg/kg)$

㉡ 기체연료의 이론산소량

식 $O_o = \sum$ 각 기체연료 산소 요구량

③ 이론공기량

㉠ 이론공기량(부피)

식 $A_o = O_o \times \dfrac{1}{0.21}$

㉡ 이론공기량(무게)

식 $A_o = O_o \times \dfrac{1}{0.232}$

④ 공기비계산

㉠ 실제공기량/이론공기량

식 $m = \dfrac{A}{A_o}$

㉡ 배기가스 조성

식 $m = \dfrac{N_2}{N_2 - 3.76 O_2}$ (완전연소 시)

식 $m = \dfrac{N_2}{N_2 - 3.76(O_2 - 0.5CO)}$ (불완전연소 시)

- N_2 : 배기가스 중 질소
- O_2 : 배기가스 중 산소
- CO : 배기가스 중 일산화탄소

⑤ 연소가스의 종류

㉠ God(이론 건조 연소가스=이론건조가스)

식 $God = (1 - 0.21)A_o + CO_2 + SO_2 + N_2\,(m^3/kg)$
$God = (1 - 0.232)A_o + CO_2 + SO_2 + N_2\,(kg/kg)$

㉡ Gow(이론 습윤 연소가스=이론습가스)

식 $Gow = (1 - 0.21)A_o + CO_2 + H_2O + SO_2 + N_2\,(m^3/kg)$
$Gow = (1 - 0.232)A_o + CO_2 + H_2O + SO_2 + N_2\,(kg/kg)$

㉢ Gd(실제 건조 연소가스=건조가스)

식 $Gd = (m - 0.21)A_o + CO_2 + SO_2 + N_2\,(m^3/kg)$
$Gd = (m - 0.232)A_o + CO_2 + SO_2 + N_2\,(kg/kg)$

㉣ Gw(실제 습윤 연소가스=연소가스)

식 $G_w = (m - 0.21)A_o + CO_2 + H_2O + SO_2 + N_2\,(m^3/kg)$
$G_w = (m - 0.232)A_o + CO_2 + H_2O + SO_2 + N_2\,(kg/kg)$

⑥ 농도산출

㉠ 먼지농도 : $X_{dust} = \dfrac{\text{먼지중량}(mg)}{\text{가스량}(m^3)}$

㉡ 수분량 : $X_{H_2O} = \dfrac{\text{수분량}}{\text{가스량}}$

※ 수증기 $= 1.244W$ (W : 수분)

㉢ 아황산가스, 염소가스, 불소가스 등 : $X_C = \dfrac{\text{오염가스량}}{\text{가스량}}$

㉣ 최대탄산가스율 계산

- 연료분석치로 산출

식 $CO_{2\max} = \dfrac{CO_2}{God} \times 100$

- 배기가스분석치로 산출

식 $CO_{2\max} = m \times (CO_2)$

⑦ 공연비 : 공기와 연료의 비, 기준은 AFR 무게기준으로 한다.

식
- AFR(무게) $= \dfrac{\text{공기무게}}{\text{연료무게}} = \dfrac{\text{공기몰수} \times \text{공기분자량}}{\text{연료몰수} \times \text{연료분자량}}$
- AFR(부피) $= \dfrac{\text{공기부피}}{\text{연료부피}} = \dfrac{\text{공기몰수} \times 22.4}{\text{연료몰수} \times 22.4}$

⑧ Rosin식 : 발열량을 이용한 공기량과 가스량 산출

㉠ 이론공기량(A_o)

- 고체연료 $= \dfrac{1.01 Hl}{1,000} + 1.65$ • 액체연료 $= \dfrac{0.85 Hl}{1,000} + 2$
- 기체연료 $= \dfrac{1.09 Hl}{1,000} + 0.25$

㉡ 이론연소가스량(G_o)

- 고체연료 $= \dfrac{0.89 Hl}{1,000} + 1.65$ • 액체연료 $= \dfrac{1.11 Hl}{1,000}$
- 기체연료 $= \dfrac{1.14 Hl}{1,000} + 0.25$

(2) 발열량과 연소온도

① 고위발열량과 저위발열량

㉠ 고위발열량 : 열량계로 측정한 열량

$$Hh = 8100C + 34{,}000\left(H - \frac{O}{8}\right) + 2500S$$

㉡ 저위발열량(진발열량) : 고위발열량 - 물의 증발잠열

$$Hl = Hh - \text{물의 증발잠열} = Hh - 600(9H + W)$$

㉢ 생성과 반응을 이용한 발열량 산출

$$\text{발열량} = \text{생성열량} - \text{반응열량}$$

② 연소실 열발생율 및 연소온도

㉠ 열효율 $= \dfrac{\text{유효열량}}{\text{공급열량}} \times 100$

㉡ 연소효율 $= \dfrac{\text{실제연소열량}}{\text{이론연소열량}} = \dfrac{\text{이론연소열량} - \text{손실열량}}{\text{이론연소열량}}$

㉢ 연소실 열부하 $= \dfrac{\text{발열량} \times \text{연료투입량}}{\text{연소실 용적}}$

㉣ 화격자 연소율 $= \dfrac{\text{연료투입량}}{\text{화격자면적}}$

㉤ 연소온도 $= \dfrac{\text{발열량}}{\text{가스량} \times \text{가스비열}} + \text{초기온도(예열온도)}$

4 폐기물 공정시험기준

(1) 기기분석법

① 램버어트 비어(Lambert-Beer)의 법칙

$$I_t = I_o \cdot 10^{-\epsilon c l}$$

- I_o : 입사광의 강도
- I_t : 투사광의 강도
- C : 농도
- l : 빛의 투사거리
- ϵ : 비례상수로서 흡광계수라 하고, C = 1mol, l = 10mm 일 때의 ϵ의 값을 몰흡광계수라 하며 K로 표시한다.

㉠ 투과도(t)

$$\frac{I_t}{I_o} = t$$

㉡ 흡광도(A) : 투과도의 역수의 상용대수

$$\log \frac{1}{t} = A = \epsilon C l$$

② 가스크로마토그래피(GC) 분리의 평가

㉠ 분리관효율

$$\text{이론단수}(n) = 16 \times \left(\frac{t_R}{W}\right)^2$$

- t_R : 시료도입점으로부터 봉우리 최고점까지의 길이(보유시간)
- W : 봉우리의 좌우 변곡점에서 접선이 자르는 바탕선의 길이
- $HETP = \dfrac{L}{n}$
- L : 분리관의 길이(mm)

㉡ 분리능

$$\text{분리계수}(d) = \frac{t_{R2}}{t_{R1}}$$

$$\text{분리도}(R) = \frac{2(t_{R2} - t_{R1})}{W_1 + W_2}$$

- t_{R1} : 시료도입점으로부터 봉우리 1의 최고점까지의 길이
- t_{R2} : 시료도입점으로부터 봉우리 2의 최고점까지의 길이
- W_1 : 봉우리 1의 좌우 변곡점에서의 접선이 자르는 바탕선의 길이
- W_2 : 봉우리 2의 좌우 변곡점에서의 접선이 자르는 바탕선의 길이

③ 강열감량 및 유기물 함량

$$\text{강열감량}(\%) = \frac{(W_2 - W_3)}{(W_2 - W_1)}$$

$$\text{유기물 함량}(\%) = \frac{VS}{TS} \times 100$$

$$\text{유기물 함량}(\%) = \text{강열감량} - \text{수분} = (VS + W) - W$$

- W_1 : 도가니 또는 접시의 무게
- W_2 : 강열 전의 도가니 또는 접시와 시료의 무게
- W_3 : 강열 후의 도가니 또는 접시와 시료의 무게

④ 수분 및 고형물 함량

$$\text{수분}(\%) = \frac{(W_2 - W_3)}{(W_2 - W_1)} \times 100$$

$$\text{고형물}(\%) = \frac{(W_3 - W_1)}{(W_2 - W_1)} \times 100$$

- W_1 : 평량병 또는 증발접시의 무게
- W_2 : 건조 전의 평량병 또는 증발접시와 시료의 무게
- W_3 : 건조 후의 평량병 또는 증발접시와 시료의 무게

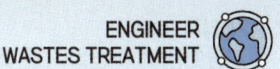

ⓒ 균등계수 : 입도 누적곡선상의 60% 입경 / 유효입경

$$식\ 균등계수(U) = \frac{d_{p60}}{d_{p10}}$$

ⓒ 곡률계수 : (입도 누적곡선상의 30% 입경)² / 유효입경 × 입도 누적곡선상의 60% 입경

$$식\ 곡률계수(Z) = \frac{(d_{p30})^2}{(d_{p10} \times d_{p60})}$$

④ 체하분포

$$식\ Y = 1 - \exp\left[-\left(\frac{X}{X_o}\right)^n\right]$$

$$식\ Y = 1 - \exp[-\beta \cdot X^n]$$

- Y : 체하입자의 중량분율(%)
- X : 대상입자의 크기
- X_o : 특성입자의 크기
- n, β : 계수

⑤ 트롬멜 스크린

$$식\ 최적속도 = 임계속도 \times 0.45$$

$$식\ 임계속도 = \sqrt{\frac{g}{4\pi^2 r}}\ (rpm, 회/min)$$

- r : 트롬멜스크린의 반경

⑥ 선별효율

ⓐ Worrell식 = 회수대상 회수율 × 제거대상 제거율

$$식\ \eta_w = \frac{X_c}{X_i} \times \frac{Y_o}{Y_i}$$

ⓑ Rietema식 = 회수대상 회수율 − 제거대상 회수율

$$식\ \eta_R = \frac{X_c}{X_i} - \frac{Y_c}{Y_i}$$

- X_c : 회수된 회수대상물질
- X_i : 회수대상물질
- Y_o : 제거된 제거대상물질
- Y_i : 제거대상물질
- Y_c : 회수된 제기대상물질

⑦ 농축·건조·탈수

ⓐ 물질수지

$$식\ SL_1(1-X_{w1}) = SL_2(1-X_{w2})$$

ⓑ 슬러지의 비중

$$식\ \frac{100}{\rho_{SL}} = \frac{TS}{\rho_{TS}} + \frac{W}{\rho_W} = \frac{VS}{\rho_{VS}} + \frac{FS}{\rho_{FS}} + \frac{W}{\rho_W}$$

2 폐기물 처리 기술

(1) 기계적 및 화학적 처분

① 물질수지 기초

$$식\ SL = TS + W = VS + FS + W$$

$$식\ TS = SL \times X_{TS}(고형물\ 함량)$$

$$식\ SL = TS \times \frac{100}{X_{TS}(고형물\ 함량)}$$

$$식\ SL(부피) = SL(질량) \times \frac{1}{\rho_{SL}}$$

② 농축

ⓐ 표면적 부하

$$식\ L_A(표면적\ 부하) = \frac{Q}{A}$$

- Q : 유입유량
- A : 농축조 수면적

ⓑ 체류시간

$$식\ t = \frac{\forall}{Q}$$

- $\forall$: 조의 용적
- Q : 유입유량

③ A/S비(air/Soild)

$$식\ A/S = \frac{1.3 S_a(fP-1)}{SS} \times R$$

- S_a : 공기 용해도
- f : 분율
- P : 압력
- SS : 부유물질(SS)의 농도
- R : 반송비

④ 슬러지 물질수지

$$식\ TS_1 = TS_2$$

$$식\ SL_1(1-X_{w1}) = SL_2(1-X_{w2})$$

$$식\ TS + 약품 = SL_2(1-X_{w1})\ (약품\ 첨가\ 시\ 약품량은\ 고형물함량에\ 포함)$$

⑤ 가압탈수(필터프레스)

$$식\ 여과비저항 = \frac{2a \cdot P \cdot A^2}{\mu \cdot C}$$

$$식\ 여과속도 = \frac{TS}{A} = \frac{고형물(kg/hr)}{여과면적}$$

- a : 상수
- P : 압력
- A : 여과면적
- μ : 점도
- C : 고형물의 농도

(2) 생물학적 처분

① BOD 제거효율

$$\eta = \left(1 - \frac{BOD_o}{BOD_i}\right) \times 100$$

$$P : \text{희석배수} = \frac{\text{희석 후 부피}(V_2)}{\text{희석 전 부피}(V_1)} = \frac{\text{희석 전 염소농도}(C_2)}{\text{희석 후 염소농도}(C_1)}$$

(희석이 있을 경우 농도에 희석배수를 곱하여 원래 농도로 환산한 후 제거효율식에 대입하여 답을 산출한다.)

② 소화율

㉠ 유기물(VS)만 고려할 때

$$E = \left(1 - \frac{VS_2}{VS_1}\right) \times 100$$

㉡ 유기물(VS)과 무기물(FS) 모두 고려할 때

$$E = \left(1 - \frac{VS_2/FS_2}{VS_1/FS_1}\right) \times 100$$

(3) 고화 및 고형화 처분

① 고형화처리 후의 부피변화

$$\text{부피변화율(VCF)} = \frac{V_2(\text{고형화 후 부피})}{V_1(\text{고형화 전 부피})}$$

- V(부피) $= m$(질량) $\times \dfrac{1}{\rho(\text{밀도})}$

(4) 자원화

① C/N 산출

혼합 C/N
$$= \frac{W_1 \times \text{탄소함량}(W_1) + W_2 \times \text{탄소함량}(W_2)}{W_1 \times \text{질소함량}(W_1) + W_2 \times \text{질소함량}(W_2)}$$
$$= \frac{W_1 \times C/N + W_2 \times C/N}{W_1 + W_2}$$

(5) 최종처분

① 매립지 면적 산출

$$A = \frac{\forall(\text{매립되는 폐기물 부피})}{H(\text{매립 깊이})}$$

- $\forall = m$(질량) $\times \dfrac{1}{\rho(\text{밀도})}$

② 침출수량 계산

㉠ 합리식 이용

$$Q = CIA$$

- C : 유출계수
- I : 강우강도(mm/hr or day)
- A : 집수면적(m²)

㉡ Darcy식 이용

$$V = \frac{KI_a}{n}$$

$$t = \frac{L}{V} = \frac{d}{\frac{KI}{n}} = \frac{d}{\frac{K \times (d+h)/d}{n}} = \frac{d^2 n}{K \times (d+h)}$$

- K : 투수계수(m/hr)
- I_a : 동수경사도(Δh(수두차)/L(d, 거리))
- $\epsilon(n)$: 공극률
- h : 침출수 수두

③ 혐기성 분해 반응식

$$C_a H_b O_c N_d + \left(\frac{4a-b-2c+3d}{4}\right) H_2O$$
$$\to \left(\frac{4a+b-2c-3d}{8}\right) CH_4 + \left(\frac{4a-b+2c+3d}{8}\right) CO_2$$
$$+ dNH_3$$

④ 반응속도

㉠ 0차 반응

$$C_0 - C_t = K \cdot t$$

㉡ 1차 반응

$$\ln \frac{C_t}{C_0} = -K \cdot t$$

㉢ 2차 반응

$$\frac{1}{C_0} - \frac{1}{C_t} = -K \cdot t$$

- C_0 : 초기 농도
- C_t : 나중 농도
- K : 반응속도상수
- t : 시간

※ 반감기 : 초기 농도가 50% 감소되는데 걸리는 시간

⑤ 유기성 폐기물의 생물분해성을 추정하는 식

$$BF = 0.83 - (0.028 \times LC)$$

- BF : 생물분해성 분율
- LC : 휘발성 고형분 중 리그닌 함량(건조무게 %로 표시)

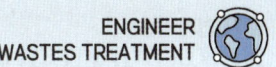

3 소각 및 열회수

(1) 연소

① 폭발상한계와 하한계

㉠ 상한계(U) : $\dfrac{100}{UEL} = \dfrac{V_1}{U_1} + \dfrac{V_2}{U_2} + \cdots + \dfrac{V_n}{U_n}$

㉡ 하한계(L) : $\dfrac{100}{LEL} = \dfrac{V_1}{L_1} + \dfrac{V_2}{L_2} + \cdots + \dfrac{V_n}{L_n}$

② 이론산소량

㉠ 고체, 액체연료의 이론산소량

식 $O_o = 1.8667C + 5.6H + 0.7S - 0.7O\,(m^3/kg)$
$O_o = 2.6667C + 8H + S - O\,(kg/kg)$

㉡ 기체연료의 이론산소량

식 $O_o = \sum$ 각 기체연료 산소 요구량

③ 이론공기량

㉠ 이론공기량(부피)

식 $A_o = O_o \times \dfrac{1}{0.21}$

㉡ 이론공기량(무게)

식 $A_o = O_o \times \dfrac{1}{0.232}$

④ 공기비계산

㉠ 실제공기량/이론공기량

식 $m = \dfrac{A}{A_o}$

㉡ 배기가스 조성

식 $m = \dfrac{N_2}{N_2 - 3.76O_2}$ (완전연소 시)

식 $m = \dfrac{N_2}{N_2 - 3.76(O_2 - 0.5CO)}$ (불완전연소 시)

- N_2 : 배기가스 중 질소
- O_2 : 배기가스 중 산소
- CO : 배기가스 중 일산화탄소

⑤ 연소가스의 종류

㉠ God(이론 건조 연소가스=이론건조가스)

식 $God = (1-0.21)A_o + CO_2 + SO_2 + N_2\,(m^3/kg)$
$God = (1-0.232)A_o + CO_2 + SO_2 + N_2\,(kg/kg)$

㉡ Gow(이론 습윤 연소가스=이론습가스)

식 $Gow = (1-0.21)A_o + CO_2 + H_2O + SO_2 + N_2\,(m^3/kg)$
$Gow = (1-0.232)A_o + CO_2 + H_2O + SO_2 + N_2\,(kg/kg)$

㉢ Gd(실제 건조 연소가스=건조가스)

식 $Gd = (m-0.21)A_o + CO_2 + SO_2 + N_2\,(m^3/kg)$
$Gd = (m-0.232)A_o + CO_2 + SO_2 + N_2\,(kg/kg)$

㉣ Gw(실제 습윤 연소가스=연소가스)

식 $G_w = (m-0.21)A_o + CO_2 + H_2O + SO_2 + N_2\,(m^3/kg)$
$G_w = (m-0.232)A_o + CO_2 + H_2O + SO_2 + N_2\,(kg/kg)$

⑥ 농도산출

㉠ 먼지농도 : $X_{dust} = \dfrac{\text{먼지중량}(mg)}{\text{가스량}(m^3)}$

㉡ 수분량 : $X_{H_2O} = \dfrac{\text{수분량}}{\text{가스량}}$

※ 수증기 = $1.244W$ (W : 수분)

㉢ 아황산가스, 염소가스, 불소가스 등 : $X_C = \dfrac{\text{오염가스량}}{\text{가스량}}$

㉣ 최대탄산가스율 계산

- 연료분석치로 산출

식 $CO_{2\max} = \dfrac{CO_2}{God} \times 100$

- 배기가스분석치로 산출

식 $CO_{2\max} = m \times (CO_2)$

⑦ 공연비 : 공기와 연료의 비, 기준은 AFR 무게기준으로 한다.

식
- AFR(무게) = $\dfrac{\text{공기 무게}}{\text{연료 무게}} = \dfrac{\text{공기몰수} \times \text{공기분자량}}{\text{연료몰수} \times \text{연료분자량}}$
- AFR(부피) = $\dfrac{\text{공기 부피}}{\text{연료 부피}} = \dfrac{\text{공기몰수} \times 22.4}{\text{연료몰수} \times 22.4}$

⑧ Rosin식 : 발열량을 이용한 공기량과 가스량 산출

㉠ 이론공기량(A_o)

- 고체연료 = $\dfrac{1.01Hl}{1,000} + 1.65$
- 액체연료 = $\dfrac{0.85Hl}{1,000} + 2$
- 기체연료 = $\dfrac{1.09Hl}{1,000} + 0.25$

㉡ 이론연소가스량(G_o)

- 고체연료 = $\dfrac{0.89Hl}{1,000} + 1.65$
- 액체연료 = $\dfrac{1.11Hl}{1,000}$
- 기체연료 = $\dfrac{1.14Hl}{1,000} + 0.25$

(2) 발열량과 연소온도

① 고위발열량과 저위발열량

㉠ 고위발열량 : 열량계로 측정한 열량

$$Hh = 8100C + 34,000\left(H - \frac{O}{8}\right) + 2500S$$

㉡ 저위발열량(진발열량) : 고위발열량 - 물의 증발잠열

$$Hl = Hh - 물의 증발잠열 = Hh - 600(9H + W)$$

㉢ 생성과 반응을 이용한 발열량 산출

$$발열량 = 생성열량 - 반응열량$$

② 연소실 열발생율 및 연소온도

㉠ 열효율 $= \dfrac{유효열량}{공급열량} \times 100$

㉡ 연소효율 $= \dfrac{실제연소열량}{이론연소열량} = \dfrac{이론연소열량 - 손실열량}{이론연소열량}$

㉢ 연소실 열부하 $= \dfrac{발열량 \times 연료투입량}{연소실 용적}$

㉣ 화격자 연소율 $= \dfrac{연료투입량}{화격자면적}$

㉤ 연소온도 $= \dfrac{발열량}{가스량 \times 가스비열} + 초기온도(예열온도)$

4 폐기물 공정시험기준

(1) 기기분석법

① 램버어트 비어(Lambert-Beer)의 법칙

$$I_t = I_O \cdot 10^{-\epsilon cl}$$

- I_O : 입사광의 강도
- I_t : 투사광의 강도
- C : 농도
- l : 빛의 투사거리
- ϵ : 비례상수로서 흡광계수라 하고, C = 1mol, l = 10mm 일 때의 ϵ의 값을 몰흡광계수라 하며 K로 표시한다.

㉠ 투과도(t)

$$\frac{I_t}{I_O} = t$$

㉡ 흡광도(A) : 투과도의 역수의 상용대수

$$\log \frac{1}{t} = A = \epsilon Cl$$

② 가스크로마토그래피(GC) 분리의 평가

㉠ 분리관효율

$$이론단수(n) = 16 \times \left(\frac{t_R}{W}\right)^2$$

- t_R : 시료도입점으로부터 봉우리 최고점까지의 길이(보유시간)
- W : 봉우리의 좌우 변곡점에서 접선이 자르는 바탕선의 길이
- $HETP = \dfrac{L}{n}$
- L : 분리관의 길이(mm)

㉡ 분리능

$$분리계수(d) = \frac{t_{R2}}{t_{R1}}$$

$$분리도(R) = \frac{2(t_{R2} - t_{R1})}{W_1 + W_2}$$

- t_{R1} : 시료도입점으로부터 봉우리 1의 최고점까지의 길이
- t_{R2} : 시료도입점으로부터 봉우리 2의 최고점까지의 길이
- W_1 : 봉우리 1의 좌우 변곡점에서의 접선이 자르는 바탕선의 길이
- W_2 : 봉우리 2의 좌우 변곡점에서의 접선이 자르는 바탕선의 길이

③ 강열감량 및 유기물 함량

$$강열감량(\%) = \frac{(W_2 - W_3)}{(W_2 - W_1)}$$

$$유기물 함량(\%) = \frac{VS}{TS} \times 100$$

$$유기물 함량(\%) = 강열감량 - 수분 = (VS + W) - W$$

- W_1 : 도가니 또는 접시의 무게
- W_2 : 강열 전의 도가니 또는 접시와 시료의 무게
- W_3 : 강열 후의 도가니 또는 접시와 시료의 무게

④ 수분 및 고형물 함량

$$수분(\%) = \frac{(W_2 - W_3)}{(W_2 - W_1)} \times 100$$

$$고형물(\%) = \frac{(W_3 - W_1)}{(W_2 - W_1)} \times 100$$

- W_1 : 평량병 또는 증발접시의 무게
- W_2 : 건조 전의 평량병 또는 증발접시와 시료의 무게
- W_3 : 건조 후의 평량병 또는 증발접시와 시료의 무게

참고문헌

폐기물처리(김인배 외 5인)
유해폐기물관리(한선기 외 1인)
환경부, 한국환경공단
폐수처리공학(신항식 외 19인)
토양오염정화기술(토양환경센터)
대기오염방지기술(천만영 외 4인)
생활폐기물 소각시설 설치운영 지침 해설서(환경부)

학습하시느라 수고많으셨습니다.
학습에 필요한 **추가 자료나 질문은 언제나 제 카페(네이버 - 초록별엔진의 환경공학고민해결)**로 들어오셔서 문의해주시면 빠른 도움드리겠습니다.

여러분의 합격을 진심으로 기원합니다.

> **꿈은**
> 날짜와 함께 적으면 목표가 되고,
> 목표를 잘게 나누면 계획이 되며,
> 계획을 실행에 옮기면 꿈은 실현된다.

— 그레그 —